高等师范院校一流专业计算机系列教材

大学计算机基础实验教程

（Windows 10+Office 2019）

肖 冰 洪 灵 代 才 何秀青 马君亮 编

科 学 出 版 社

北 京

内 容 简 介

本书按照教育部《高等学校非计算机专业计算机基础课程教学基本要求》编写，并结合师范类大学的教育特点，添加了旨在提高学生师范技能的内容。全书分为三篇：实验篇、基础测试篇和综合测试篇。实验篇共含16个实验，基础测试篇含六个部分共22套测试题，综合测篇共含10套测试题，所有测试题均配有参考答案，综合测试题的详细解析以二维码的形式呈现，更便于参考。

本书可作为普通高校非计算机专业计算机公共课的实验教材，也可作为全国计算机等级考试 MS Office 的培训教材。

图书在版编目（CIP）数据

大学计算机基础实验教程：Windows 10＋Office 2019/肖冰等编. —北京：科学出版社，2022.10

高等师范院校一流专业计算机系列教材

ISBN 978-7-03-073337-5

Ⅰ. ①大… Ⅱ. ①肖… Ⅲ. ①Windows 操作系统-高等师范院校-教材 ②办公自动化-应用软件-高等师范院校-教材 Ⅳ. ①TP316.7 ②TP317.1

中国版本图书馆 CIP 数据核字（2022）第 181758 号

责任编辑：滕 云 / 责任校对：何艳萍
责任印制：霍 兵 / 封面设计：蓝正设计

科 学 出 版 社 出版
北京东黄城根北街 16 号
邮政编码：100717
http://www.sciencep.com
石家庄继文印刷有限公司 印刷
科学出版社发行 各地新华书店经销
*
2022 年 10 月第 一 版 开本：787×1092 1/16
2023 年 8 月第二次印刷 印张：14 1/2
字数：490 000
定价：43.00 元
（如有印装质量问题，我社负责调换）

前　　言

党的二十大报告强调："坚持为党育人、为国育才，全面提高人才自主培养质量。"全面提高人才自主培养质量既是党和人民对高等教育提出的时代要求，也是高等教育发展的重大机遇。

大学计算机应用基础是普通高等学校非计算机专业学生的一门必修课程，目的是培养学生的计算机应用技能、提高学生的信息化素养、锻炼学生的计算思维能力，为后续课程的学习打下坚实的基础。

本书是计算机基础课程的通用教材。针对学生计算机能力存在差异的现状，尽力满足学生需求，本书在理论和实际应用方面对内容进行了精心的选取和编排，适合各专业对计算机基础知识的教学要求。通过对本书的学习，学生可对计算机系统有一个初步的认识和理解，并能够初步掌握办公软件的用法，提高动手操作的能力。

本书结合全国计算机等级考试需求，以 Windows 10 和 MS Office 2019 为环境，在讲解计算机基础理论知识的基础上，讲解 Windows 10 系统的功能和使用方法，有助于学生加深对操作系统的了解，掌握操作系统的使用方法，从而能够对计算机进行个人设置和使用。本书主要对 Office 2019 软件中的文字处理软件、表格处理软件和演示文稿软件进行讲解，结合事例，有利于学生结合实际，提高学生动手操作的能力。

本书在撰写过程中，得到了陕西师范大学及计算机科学学院领导的悉心指导和大力支持，以及计算机公共课全体老师的帮助，本书的出版得到了科学出版社的鼎力帮助和支持，在此一并深表感谢。

由于编者水平有限，编写时间仓促，书中可能仍存在不足之处，请广大读者批评指正。您可通过邮箱 junliangma@snnu.edu.cn 提出宝贵意见。

编　者

2022 年 2 月

2023 年 8 月修改

目　　录

第三篇　综合测试篇

第一篇 实 验 篇

实验一　Windows 10 文件及文件夹管理

一、实验目的

通过对实际样例的处理，熟练掌握以下内容：

（1）查看及浏览文件的方法。

（2）文件及文件夹的基本操作和设置。

（3）窗口的基本操作。

二、实验环境

Windows 10 中文版。

三、实验内容

（1）利用"此电脑"窗口查看各个驱动器的内容。

（2）设置文件夹查看属性，在文件夹中显示所有文件和文件夹，并要求显示已知文件类型的扩展名。

（3）在 D 盘根目录下创建文件夹，目录结构如图 1-1 所示。

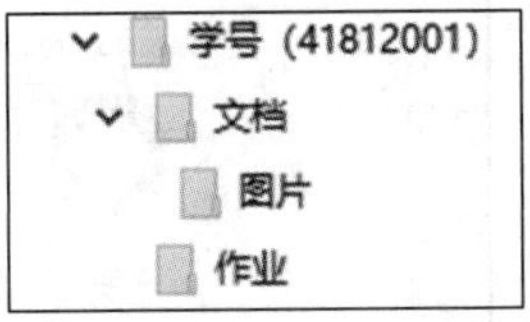

（4）创建一个文本文档，以"我的基本信息.txt"为文件名保存在"学号（41812001）"文件夹中。要求在文档中输入自己的学号、姓名、所在院系、专业、班级信息。

（5）将"我的基本信息.txt"文件删除到"回收站"，再还原该文件。

图 1-1　文件夹目录结构图

（6）将"写字板"窗口以图片形式保存在"图片"文件夹（使用系统自带的画图程序），命名为"写字板.jpg"。

（7）将"图片"文件夹重命名为"picture"。

（8）为"我的基本信息.txt"文件创建快捷方式。

（9）将"文档"文件夹的属性设置为隐藏，观察文件夹设为隐藏前后文件夹图标的不同。

（10）打开任意两个窗口，将窗口并排显示。

四、实验步骤

1. 利用"此电脑"窗口查看各个驱动器的内容

（1）双击桌面的"此电脑"图标，打开"此电脑"窗口。

（2）分别单击左窗格目录中的每个磁盘驱动器或文件夹名称，在右窗格中分别显示每个磁盘驱动器或文件夹中所包含的内容。例如，在图 1-2 中，在左窗格选中了 C 盘驱动器，则右窗格中显示 C 盘驱动器中所包含的文件夹。按照以上方法分别查看每个磁盘驱动器中所包含的内容，熟练掌握"此电脑"窗口的使用。

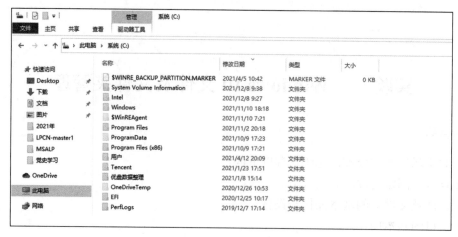

图 1-2　"系统（C:）"窗口

图 1-3　C 盘属性对话框

（3）在"此电脑"窗口的左窗格中选中 C 盘驱动器并单击鼠标右键（即右击），在弹出的快捷菜单中选择"属性"选项，打开 C 盘属性对话框，如图 1-3 所示，可查看磁盘总大小，以及磁盘的可用空间和已用空间。

2. 设置文件夹的查看属性

（1）在任何一个文件夹窗口下，单击上方的"查看"选项卡，如图 1-4 所示。

（2）在图 1-4"查看"选项卡的"显示/隐藏"组中选中"隐藏的项目"前面的复选框（单击小方框一次为取消，再次单击为选中），即可设置文件夹的查看属性为"显示所有文件和文件夹"，选中"文件扩展名"前面的复选框（单击小方框一次为取消，再次单击为选中），显示所有已知文件类型的扩展名。

图 1-4　"查看"选项卡

3. 在根目录下创建文件夹

（1）在"桌面"双击"此电脑"图标，打开"此电脑"窗口。

（2）在"此电脑"窗口中双击右侧窗格的"本地磁盘（D:）"，右窗口显示该磁盘中所包含的文件或文件夹。

（3）在右窗格的空白处右击，出现如图1-5所示的快捷菜单，选择"新建"→"文件夹"选项，创建一个新的文件夹。

（4）为新创建的文件夹键入新文件夹名"学号（41812001）"。

（5）按照上述步骤，在"学号（41812001）"文件夹下创建图1-1所示相关子文件夹。

图1-5　"新建文件夹"快捷菜单

4. 创建一个文本文档

（1）打开D盘中的"学号（41812001）"文件夹。

（2）右击窗格空白处弹出快捷菜单，并选择"新建"→"文本文档"选项，输入文件名"我的基本信息.txt"。双击"我的基本信息.txt"文件图标，打开"记事本"窗口，在窗口中输入自己的学号、姓名、所在院系、专业、班级信息，然后选择"文件"→"保存"选项，保存情况如图1-6所示。

图1-6　文本文档保存情况

5. 删除文档，还原此文档

（1）在"我的基本信息.txt"文件图标上右击，在弹出的快捷菜单中选择"删除"选项，弹出"确认文件删除"对话框，单击"是"按钮，即可删除"我的基本信息.txt"文件（注意，此时删除的文件，在系统的回收站内）。

（2）在桌面上找到"回收站"图标并双击，打开"回收站"窗口，如图1-7所示。窗口右侧显示的文件为删除到回收站的文件，单击选中要还原的文件"我的基本信息.txt"，在"回收站工具"选项卡的"管理"组中单击"还原选定的项目"选项，即可把文件"我的基本信息.txt"还原到"学号（41812001）"文件夹中。

图 1-7 "回收站"窗口

6. 将"写字板"窗口以图片形式保存

（1）单击桌面左下角"开始"按钮打开"开始"菜单，选择"Windows 附件"的"写字板"选项，打开"写字板"窗口。

（2）利用截图工具，截取并复制当前活动窗口。

（3）单击桌面左下角"开始"按钮打开"开始"菜单，选择"Windows 附件"的"画图"选项，启动画图程序。

（4）在画图程序窗口中，选择"粘贴"命令，即可将刚刚复制的"写字板"窗口图片粘贴至画图程序中的空白处，如图 1-8 所示。

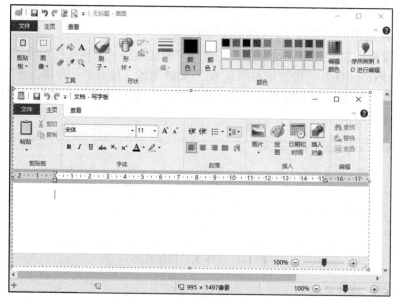

图 1-8 画图程序窗口

（5）在画图程序窗口中，选择"保存"命令，弹出"保存为"对话框，输入文件名"写字板"，保存类型为".jpg"，保存路径为"D:\学号（41812001）\文档\图片"。

7. 将"图片"文件夹重命名为"picture"

（1）选中要重命名的"图片"文件夹的图标。

（2）右击选中的图标，在弹出的快捷菜单中选择"重命名"选项，重新输入新的文件夹名

"picture"；或者选中文件图标，按 F2 键进行重命名。

8. 创建快捷方式

（1）选中要创建快捷方式的文件"我的基本信息.txt"的图标。

（2）右击选中的图标，在弹出的快捷菜单中选择"发送到"→"桌面快捷方式"选项，即可为该文件在桌面创建快捷方式。快捷方式的图标左下角有一个蓝色小箭头，和其他文件图标不同。或右击选中的图标，在弹出的快捷菜单中选择"创建快捷方式"选项，即可在"学号"文件夹中创建该文件的快捷方式。

9. 将"文档"文件夹的属性设置为隐藏

（1）选中"文档"文件夹的图标。

右击选中的图标，在弹出的快捷菜单中选择"属性"选项，打开文件夹"文档属性"对话框，如图 1-9 所示。

（2）在"常规"选项卡中，选择"隐藏"复选框（选中后小方块中有一个"√"），设置文件夹的属性为隐藏。

（3）单击"确定"按钮，如果该文件夹中含有文件或子文件夹，则会弹出"确认属性更改"对话框，如图 1-10 所示。

图 1-9　"文档属性"对话框

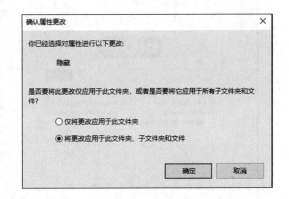

图 1-10　"确认属性更改"对话框

（4）选择"将更改应用于此文件夹、子文件夹和文件"单选按钮，单击"确定"按钮，完成文件夹的属性设置。

前面已经将文件夹查看选项设置成了"显示隐藏的文件、文件夹和驱动器"，所以此时隐藏的文件夹还是可以看见，其图标会因设置了隐藏属性而变成半透明状。如果希望设置了隐藏属性的文件夹图标真正隐藏，在图1-4"查看"选项卡的"显示/隐藏"组中，取消对"隐藏的项目"选项的选择，则隐藏的文件将无法显示。

10. 将窗口并排显示

（1）打开"浏览器""文件夹"两个窗口。

（2）打开其中一个窗口（图 1-11 为浏览器窗口），单击窗口顶部的空白处，按住鼠标不动，进行拖动。

图 1-11　浏览器窗口

（3）先往侧面拖动到边上，然后松开鼠标，可以看到 Windows10 智能地将所有打开的窗口进行了分屏，如图1-12 所示。

图 1-12　分屏显示窗口

（4）单击其中的一个出现 2 屏；将每个窗口向四角处拖动，直接出现预见效果框再放手就可以了，效果如图 1-13 所示。

图 1-13 多窗口显示效果

实验二　Windows 10 个性化设置

一、实验目的

通过对实际样例的处理，熟练掌握以下内容：
（1）Windows 外观的个性化设置。
（2）"开始"菜单的个性化设置。
（3）"任务栏"的个性化设置。

二、实验环境

Windows 10 中文版。

三、实验内容

（1）将 Windows 10 系统自带的"潜水"图片设置为桌面背景，显示方式为"填充"。
（2）在桌面添加"控制面板"图标。
（3）将"画图 3D"程序添加到桌面任务栏。
（4）将桌面"网络"图标更改为🛡。
（5）选用"3D 文字"为屏幕保护程序，等待时间为 1 分钟，并进行"预览"。
（6）关闭及打开任务栏通知区图标。
（7）调整任务栏位置位于窗口左侧。

四、实验步骤

1. 将 Windows 10 系统自带的"潜水"图片设置为桌面背景，显示方式为"填充"

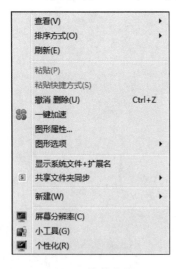

图 2-1　快捷菜单

（1）在桌面空白处右击，弹出如图 2-1 所示的快捷菜单，选择"个性化"选项，弹出如图 2-2 所示的"设置-背景"窗口。
（2）在"选择图片"窗口，单击潜水的图片，如图 2-3 所示。
（3）Windows 10 桌面背景有 6 种显示方式，分别为填充、适应、拉伸、平铺、居中和跨区。在图 2-4 中选择"填充"显示方式。
（4）关闭"设置-背景"窗口，此时可以看到桌面背景图片已经换成了潜水的场景。

2. 在桌面添加"控制面板"图标

（1）在桌面空白区域右击，在弹出的快捷菜单中选择"个性化"选项。

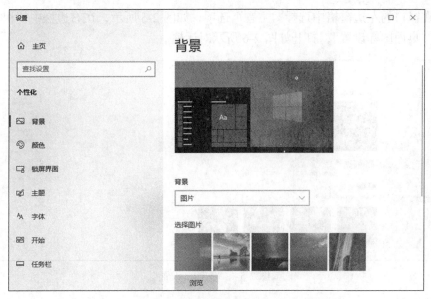

图 2-2 "设置-背景"窗口

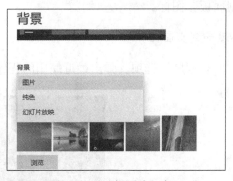

图 2-3 "选择图片"窗口

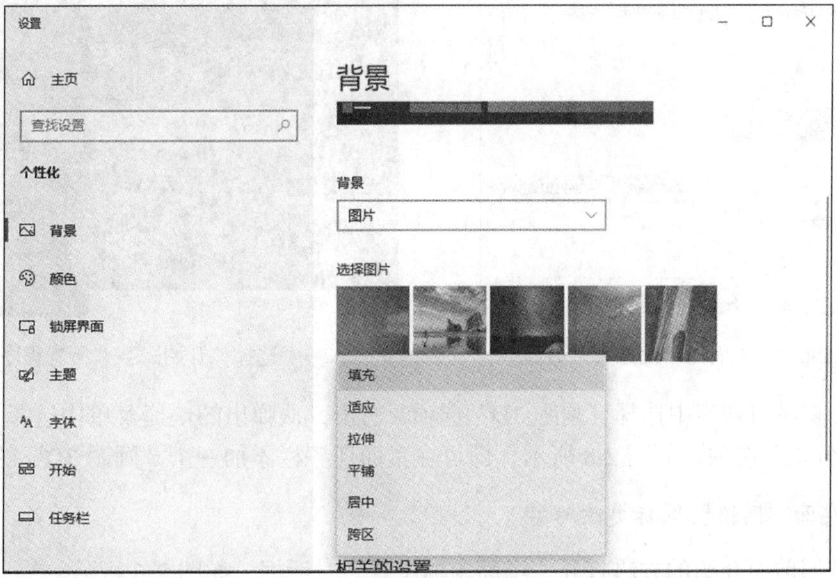

图 2-4 选择桌面背景显示方式

（2）在窗口的左边窗格中选择"主题"选项，如图 2-5 所示，在右边栏中"相关的设置"中，选择"桌面图标设置"，打开如图 2-6 所示对话框。

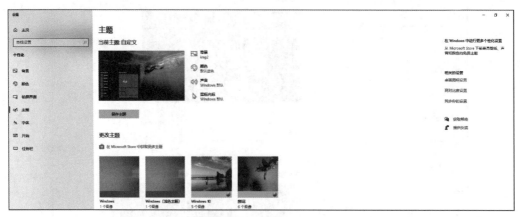

图 2-5 "主题"设置

（3）在"桌面图标"组合框中选择"控制面板"复选框，单击"确定"按钮，关闭该对话框，即可在桌面添加"控制面板"图标。

3. 将"画图 3D"程序添加到桌面任务栏

（1）选择"开始"→"所有程序"选项，弹出最近使用的程序组列表，如图 2-7 所示。

图 2-6 "桌面图标设置"对话框

图 2-7 选择"开始"→"所有程序"选项

（2）在程序组列表中选择"画图 3D"选项，右击，从弹出的快捷菜单中选择"更多"→"固定到任务栏"选项，如图 2-8 所示，即可在桌面任务栏添加一个"画图 3D"的图标。

4. 将桌面"网络"图标更改为 🛡

（1）按照前面介绍的方法打开"桌面图标设置"对话框，如图 2-6 所示。

（2）在"桌面图标"选项卡中的列表框中选择要更改标识的桌面图标，例如，选择"网络"选项,单击"更改图标"按钮,弹出"更改图标"对话框,如图 2-9 所示。

图 2-8　选择"更多"→"固定到任务栏"选项　　　　图 2-9　"更改图标"对话框

(3)从"从以下列表中选择一个图标"列表框中选择图标,单击"确定"按钮,返回"桌面图标设置"对话框,可以看到选择的"网络"图标标识,如图 2-10 所示。

(4)单击"确定"按钮,返回桌面,可以看到"网络"图标的标识已经更改。

5. 选用"3D 文字"为屏幕保护程序

(1)按照前面介绍的方法打开"个性化"窗口,在左侧选择"锁屏界面"选项,如图 2-11 所示。

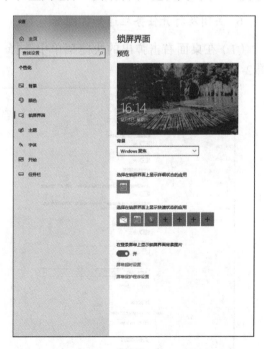

图 2-10　更改后的"桌面图标设置"对话框　　　　图 2-11　"锁屏界面"设置

（2）选择"屏幕保护程序设置"选项，弹出对话框，如图 2-12 所示。

（3）单击"屏幕保护程序"列表的下拉按钮，列表中会出现当前计算机中所有可用的屏幕保护程序名称，然后单击"3D 文字"选项，如图 2-13 所示。

图 2-12　"屏幕保护程序设置"对话框

图 2-13　选择"3D 文字"屏幕保护程序

（4）在图 2-12 的"等待"框中，指定计算机闲置多长时间后 Windows 显示所选屏幕保护程序，在此选择 1 分钟，单击"预览"按钮，可以预览效果，然后单击"确定"按钮完成设置。

6. 关闭及打开任务栏通知区图标

（1）在桌面右击弹出的快捷菜单中选择"个性化"选项，切换到"任务栏"窗口，如图 2-14 所示。

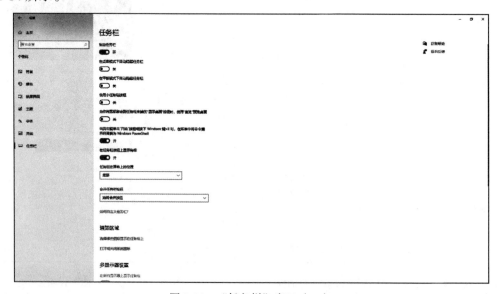

图 2-14　"任务栏"窗口（一）

（2）单击"通知区域"组合框中的"选择哪些图标显示在任务栏上"选项，弹出"选择哪些图标显示在任务栏上"窗口，如图 2-15 所示。

图 2-15　"选择哪些图标显示在任务栏上"窗口

（3）先关闭"网络"任务栏图标，观察任务栏的变化情况，再开启"网络"任务栏图标。

（4）设置完毕，返回"任务栏"窗口，单击"确定"按钮即可。

（5）返回"任务栏"，可以看到出现了"网络"图标，如图 2-16 所示。

图 2-16　任务栏图标

7. 调整任务栏位置位于窗口左侧

（1）按照前面的步骤打开"任务栏"窗口，如图 2-17 所示。

（2）在"任务栏在屏幕上的位置"下拉列表中选择"靠左"选项，切换任务栏位置，切换后效果如图 2-18 所示。

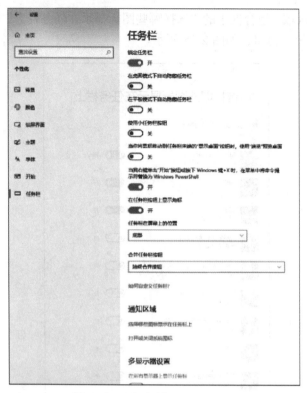

图 2-17　"任务栏"窗口（二）

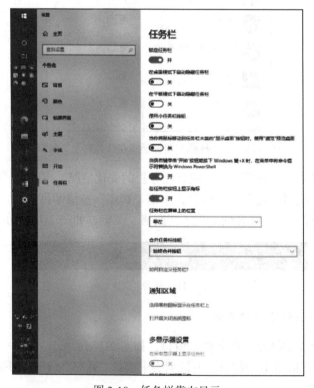

图 2-18　任务栏靠左显示

实验三　Windows 10 附件实用工具

一、实验目的

通过对实际样例的处理，熟练掌握以下内容：

（1）使用"截图"工具截取图片、编辑截图、保存截图。

（2）使用"画图"工具进行简单图像处理。

（3）创建"便笺"，设置便笺颜色。

（4）DOS 命令的使用方法。

（5）数学输入面板的使用。

二、实验环境

Windows 10 中文版。

三、实验内容

（1）从网络中下载一张"桃花"图片。使用"截图"工具截取图片中的桃花部分，在截取的图片中添加文字"你好"。将图片保存到 D 盘根目录下，文件命名为"你好.PNG"。

（2）使用"画图"工具绘制一个五角星，填充红色，命名为"五角星.JPEG"，保存到 D 盘根目录下。

（3）在桌面创建一个便笺，便笺内容为"下周一计算机考试"，将便笺移动到桌面的右上角，设置便笺颜色为粉红色。

（4）打开 DOS 命令提示符窗口、更改路径、使用 DIR 命令。

（5）打开数学输入面板，输入公式 $\int x^2 \mathrm{d}x = \dfrac{1}{3}x^3 + c$。

四、实验步骤

1. 截取图片、编辑截图、保存截图

（1）打开下载的"桃花"图片。

（2）打开"开始"菜单，选择"最近添加"→"Windows 附件"→"截图工具"选项，如图 3-1 所示。打开"截图工具"窗口，如图 3-2 所示。

（3）单击"模式"按钮右侧下三角箭头，从弹出的下拉菜单中选择"矩形截图"方式，如图 3-2 所示。此时鼠标指针变成形状"+"，单击桃花图片中要截取部分的起始位置，然后按住鼠标不放，拖动选择要截取的图片区域，释放鼠标完成截图，此时在"截图工具"窗口中会显示截取的图片。

（4）在"截图工具"窗口中单击"笔"按钮 ✎▾ 右侧的下三角箭头，从弹出的下拉菜单中选择"自定义笔"选项，如图 3-3 所示。

图 3-1　　"Windows 附件"列表

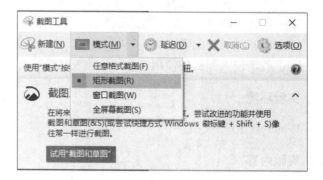

图 3-2　　"截图工具"窗口

图 3-3　　自定义笔的类型

（5）弹出"自定义笔"对话框，设置笔的颜色为"蓝色"，粗细为"中号点笔"，笔尖为"凿头笔"，如图 3-4 所示。

（6）单击"确定"按钮，返回"截图工具"窗口，通过按住鼠标左键拖动鼠标在图片上书写文字"你好"，如图 3-5 所示。

图 3-4 "自定义笔"对话框   图 3-5 在截图图片上添加文字

（7）如果需要修改文字，可以单击"橡皮擦"按钮 <img>，然后将鼠标指针移至要擦除的文字笔画上，单击将其擦除后重写。

（8）完成后，选择"文件"菜单中的"另存为"选项，弹出"另存为"对话框，在左侧列表框中设置图片的保存路径为 D 盘根目录，在"文件名"文本框中输入"你好"，在"保存类型"下拉列表中选择"可移植网络图形文件（PNG）"，如图 3-6 所示，设置完成后单击"保存"按钮。

图 3-6 保存截图图片

2. 绘制一个五角星，填充红色

（1）打开"开始"菜单，选择"Windows 附件"→"画图"选项，打开"画图"窗口，如图 3-7 所示。

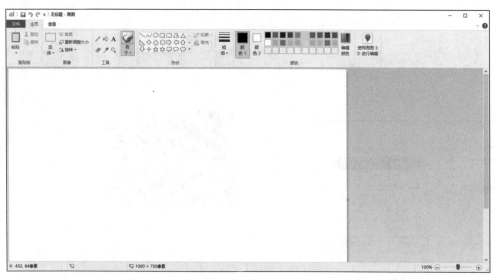

图 3-7 "画图"窗口

（2）在"形状"栏，在展开的组中单击"五角星"形状。单击"轮廓"按钮，在弹出的下拉列表中选择"纯色"选项，如图 3-8 所示。单击"填充"按钮，在弹出的下拉列表中选择"油画颜料"选项，如图 3-9 所示。

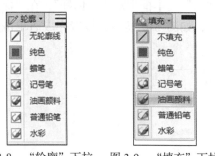

图 3-8 "轮廓"下拉 图 3-9 "填充"下拉
菜单 菜单

（3）单击"粗细"按钮，在弹出的下拉列表中设置五角星轮廓的粗细为 3px。

（4）单击"颜色 1"按钮，在"颜色"组中选择五角星轮廓的颜色为蓝色，单击"颜色 2"按钮，在"颜色"组中选择填充五角星的颜色为红色。

（5）将鼠标指针移到绘图区域，按住鼠标左键拖动绘制五角星，如图 3-10 所示。完成后将其保存到 D 盘根目录下，命名为"五角星.JPEG"。

图 3-10 绘制五角星

3. 创建便笺，设置便笺颜色

（1）打开"开始"菜单，选择"便笺"选项，此时桌面右上角会出现一个黄色的"便笺"，如图 3-11 所示。

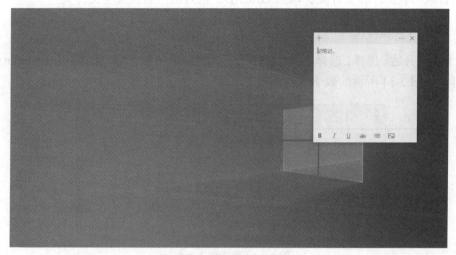

图 3-11 桌面右上角出现便笺

（2）将光标定位在便笺中，输入"下周一计算机考试"。

（3）用鼠标按住便笺的标题栏拖动，移动便笺到桌面右上角。单击标题栏 + 按钮，可以在该便笺的旁边新建一个空白便笺。单击 × 按钮，可删除该便笺。

（4）单击便签右上方的省略号标记，弹出如图 3-12 所示的菜单，选择粉红色，设置便笺颜色为粉红色。

4. DOS 命令

（1）打开"开始"菜单，选择"最近添加"→"Windows 系统"→"命令提示符"选项，打开如图 3-13 所示的命令提示符窗口。

图 3-12 便笺快捷菜单

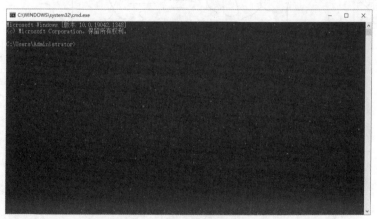

图 3-13 命令提示符窗口

（2）在命令提示符窗口光标位置输入 CD ..↵（按回车键）返回上一级目录；继续输入 CD \ ↵，返回到当前驱动器根目录；输入 D: ↵，转换当前路径为驱动器 D:。

（3）在命令提示符窗口光标位置输入 DIR/? ↵，查看 DIR 命令的帮助信息；输入 DIR ↵，列出当前目录所有文件和文件夹；输入 DIR/AD，只列出当前目录的文件夹。

5. 数学输入面板的使用

（1）打开"开始"选择，选择"所有程序"→"附件"→"数学输入面板（math input panel）"选项，打开如图 3-14 所示的数学输入面板。

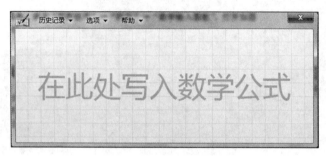

图 3-14　数学输入面板

（2）用鼠标绘制出公式 $\int x^2 \mathrm{d}x = \frac{1}{3}x^3 + c$，全部输入完成后，系统会自动对公式进行识别，如果有错误，可以单击"擦除"按钮，当鼠标指针变为橡皮擦的形状时，单击要擦除的字符，将其擦除。图 3-15 显示了输入的公式。

（3）如果用户输入的公式不太准确，系统可能无法正确识别，此时可以单击数学输入面板中的"选择和更正"按钮，选中输入的字符进行修改。

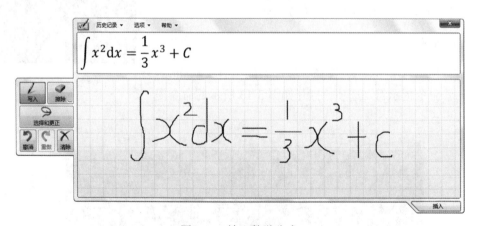

图 3-15　输入数学公式

实验四　Word 文档的图文混排

一、实验目的

通过对实际用例的操作，熟练掌握以下内容：

（1）文档的建立、保存和打开。

（2）文档的基本编辑操作，如正文字符的格式化、段落的格式化等。

（3）添加边框和底纹、项目符号和编号。

（4）快速编辑功能：文本的查找和替换、格式刷的使用。

（5）分栏设置、文本框的使用。

（6）图片的插入与编辑。

（7）调整文档版面。

二、实验环境

Windows 10 中文版，Word 2019。

三、实验内容

（1）新建并保存如图 4-1 所示的原始文档。

学校前身是 1944 年成立的陕西省立师范专科学校，1954 年更名为西安师范学院，1960 年与陕西师范学院合并，定名为陕西师范大学，1978 年划归教育部直属。建校 70 多年来，学校秉承"西部红烛精神"和"厚德、积学、励志、敦行"的优良传统，立足西部，服务全国，已发展成为一所有重要影响的综合性一流师范大学，为国家培养各类毕业生 47.1 万余人，形成了"抱道不曲、拥书自雄"的学风和"淳厚博雅、知行合一"的校风。

陕西师范大学，简称陕师大，是中华人民共和国教育部直属重点综合性师范大学，国家"211 工程"重点建设大学，国家首批世界一流学科建设高校，是国家培养高等院校、中等学校师资和教育管理干部以及其他高级专门人才的重要基地，被誉为"教师的摇篮"。

学校位于古都西安，占地面积 2800 余亩，建有长安、雁塔两个校区。长安校区是学校的主校区，主要承担本科三、四年级和研究生的教育培养任务；雁塔校区主要承担本科一、二年级基础课和通识课教学以及教师教育、继续教育、远程教育、教师干部培训、留学生教育等任务。长安校区现代开放、气势恢宏，雁塔校区古朴典雅、钟灵毓秀。

学校设有研究生院和 21 个学院（部）、1 个基础实验教学中心和民族教育学院（预科教育），有 70 个本科专业，36 个硕士学位授权一级学科，18 个博士学位授权一级学科；有 1 个博士专业学位授权点（教育博士）和 19 个硕士专业学位授权点；有 18 个博士后科研流动站。学校现有教师 1980 余人，具有博士、硕士学位的教师占教师总数的 95.3%，其中具有博士学位的占 75.6%。现有全日制本科生 17766 人，研究生 20233 人，各类留学生 808 人，继续教育和网络教育学生 48000 余人。

图 4-1　原始文档

（2）对原始文档进行格式编辑，得到如图 4-2 所示的效果。

陕西师范大学简介

陕西师范大学，简称陕师大，是中华人民共和国教育部直属重点综合性师范大学，国家"211工程"重点建设大学，国家首批世界一流学科建设高校，是国家培养高等院校、中等学校师资和教育管理干部以及其他高级专门人才的重要基地，被誉为"教师的摇篮"。

学校前身是1944年成立的陕西省立师范专科学校，1954年更名为西安师范学院，1960年与陕西师范学院合并，定名为陕西师范大学，1978年划归教育部直属。建校70多年来，学校秉承"西部红烛精神"和"厚德、积学、励志、敦行"的优良传统，立足西部，服务全国，已发展成为一所有重要影响的综合性一流师范大学，为国家培养各类毕业生47.1万余人，形成了"抱道不曲、拥书自雄"的学风和"淳厚博雅、知行合一"的校风。

学校位于古都西安，占地面积2800余亩，建有长安、雁塔两个校区。长安校区是学校的主校区，主要承担本科三、四年级和研究生的教育培养任务；雁塔校区主要承担本科一、二年级基础课和通识课教学以及教师教育、继续教育、远程教育、教师干部培训、留学生教育等任务。长安校区现代开放、气势恢宏，雁塔校区古朴典雅、钟灵毓秀。

学校设有研究生院和21个学院（部）、1个基础实验教学中心和民族教育学院（预科教育），有70个本科专业，36个硕士学位授权一级学科，

18个博士学位授权一级学科；有1个博士专业学位授权点（教育博士）和19个硕士专业学位授权点；有18个博士后科研流动站。学校现有教师1980余人，具有博士、硕士学位的教师占教师总数的95.3%，其中具有博士学位的占75.6%。现有全日制本科生17766人，研究生20233人，各类留学生808人，继续教育和网络教育学生48000余人。

学校拥有设施先进、功能齐全、藏书丰富的图书馆，两校区图书馆面积5.78万平方米，藏有纸质图书401万册，引进国内外电子资源87个平台，263个数据库。

学校积极开展广泛的国际学术交流与合作，先后与多个国家和地区的170余所高校和教育机构建立了校际友好与合作交流关系，培养留学生8700余人。

面向未来，陕西师范大学正在全面深入贯彻习近平新时代中国特色社会主义思想，以立德树人为根本任务，传承弘扬"西部红烛精神"，努力推动学校实现加速发展、高质量发展，为早日实现学校"双一流"建设目标努力奋斗。

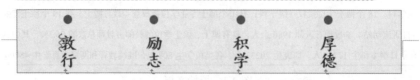

图 4-2　文档格式编辑后的效果

四、实验步骤

1. 新建文档

利用"开始"菜单启动 Word 2019 并创建新文档，其操作步骤如下：

（1）单击 Windows 桌面左下角的"开始"按钮，显示"开始"菜单。

（2）选择"开始"菜单中的 Word 选项，系统启动 Word 2019 的同时，会自动创建一个以"文档1"命名的空白文档，输入图 4-1 所示内容。

2. 保存新文档

执行"文件"→"保存"命令，或单击"快速访问工具栏"中的"保存"按钮，将出现图 4-3 所示的"另存为"对话框，具体操作步骤如下：

（1）在"地址栏"中，选择文件保存的位置，如"F:\练习\word"。

（2）在"文件名"文本框中，输入文件名，如"陕师大简介"。

（3）在"保存类型"列表框中，选择文档的类型，一般采用"Word 文档"类型。

（4）单击"保存"按钮。

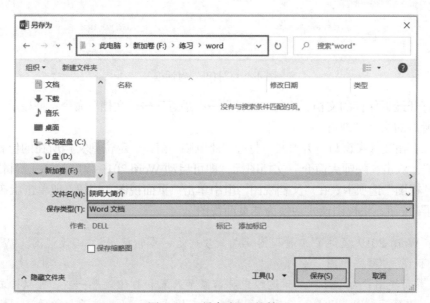

图 4-3 "另存为"对话框

3. 关闭文档

文档保存后，可以继续进行操作，也可以先将其关闭，以后再重新打开处理。关闭文档的方法是执行"文件"→"关闭"命令，或者单击标题栏右上角的"关闭"按钮，Word 程序和文档一起关闭。

4. 打开文档素材

文档关闭后，需要先打开再操作，打开文档的方法如下：

方法一：通过"开始"菜单打开文档。打开"开始"菜单，选择"文档"选项，在打开的窗口中定位到文件夹"F:\练习\word"，双击"陕师大简介"文档图标，即可启动 Word 应用程序，并打开该文档。

方法二：在 Word 中打开文档。单击"开始"按钮，执行 Word 命令，启动 Word 2019 程序；执行"文件"→"打开"命令，弹出"打开"对话框，如图 4-4 所示，在地址栏中，选择文件的存放位置"F:\练习\word"，在列表框中，选中"陕师大简介"文档图标，单击"打开"按钮，或双击"陕师大简介"文档图标则在编辑窗口中显示该文档的内容。

图 4-4　"打开"对话框

若要打开最近保存的文档，执行"文件"→"最近"→"文档"命令，将显示"文档"列表，单击所需的文件名即可。

方法三：在文件夹窗口打开文档。打开"此电脑"窗口，定位到文档所在的位置，如"F:\练习\word"，双击"陕师大简介"文档图标，即可启动 Word 2019 程序并打开素材文档。

单击"视图"选项卡，在"文档视图"组中单击"页面视图"按钮，或单击状态栏右侧的"页面视图"按钮，将视图模式切换为"页面视图"。

提示：Word 2019 提供了 5 种视图模式，分别是"页面视图""阅读视图""Web 版式视图""大纲视图""草稿视图"。

（1）页面视图：为了保持编辑过程中屏幕显示效果和打印效果一致，可以将文档的显示方式切换为"页面视图"效果，这种视图显示出来的文档效果最接近打印结果，能清晰且形象地显示文档的页眉、页脚和图形对象、分栏设置、页边距等内容。

（2）阅读视图：该视图以图书分栏的样式显示文档。

（3）Web 版式视图：该视图以网页形式显示文档，适用于发送电子邮件和创建网页。

（4）大纲视图：该视图主要用于设置和显示文档标题的层级结构，广泛用于长文档的快速浏览和设置。

（5）草稿视图：该视图取消了页边距、分栏、页眉、页脚和图片等元素，仅显示标题和正文，是最节省计算机系统硬件资源的视图方式。

视图之间的切换可以单击"视图"选项卡，在"视图"组中进行选择，也可以单击状态栏右侧的视图按钮 实现快速切换（仅支持"页面视图""阅读视图""Web 版式视图"之间的切换）。

5. 添加和调整文档内容

对比图 4-1 和图 4-2，可以发现，原始文档的文字需要做一些调整。

（1）输入缺失的文字部分：将鼠标指针移动到文档的最后一段文字的句号后并单击，将闪烁的光标定位于文档末尾；然后按回车键，建立一个新的段落，此时闪烁的光标处于新段落的开始处。单击任务栏上的输入法图标，从弹出的菜单中选择自己常用的输入法，也可以使用快捷键 Ctrl + Shift 在各种输入法之间切换。输入如下文字：

> 学校拥有设施先进、功能齐全、藏书丰富的图书馆，两校区图书馆面积 5.78 万平方米，藏有纸质图书 401 万册，引进国内外电子资源 87 个平台，263 个数据库。
>
> 学校积极开展广泛的国际学术交流与合作，先后与多个国家和地区的 170 余所高校和教育机构建立了校际友好与合作交流关系，培养留学生 8700 余人。
>
> 面向未来，陕西师范大学正在全面深入贯彻习近平新时代中国特色社会主义思想，以立德树人为根本任务，传承弘扬"西部红烛精神"，努力推动学校实现加速发展、高质量发展，为早日实现学校"双一流"建设目标努力奋斗。

将输入光标定位在文档最开始处，输入标题文字"陕西师范大学简介"。按下回车键，使输入的文字成为一个独立的段落。

> 提示：如果需要输入特殊字符，可以从"插入"→"符号"中插入；或者单击输入法状态窗口中的软键盘按钮，调出软键盘菜单，从中找到要输入的特殊字符。

（2）利用剪贴板将第一段和第二段互换位置：首先，将鼠标指针移动到第一段左侧的选定区并双击。此时第一段文字（包括回车标记" ↵ "在内）被选中，呈反白状态；然后执行"开始"→"剪贴板"→"剪切"命令（或按快捷键 Ctrl+X），此时第一段文字暂时"消失"（实际上该段文字存于剪贴板中）；最后将闪烁的输入光标定位于原第三段文字的最左边（即文字"学校位于……"前），执行"开始"→"剪贴板"→"粘贴"命令（或按快捷键 Ctrl+V），此时，刚刚被剪切的第一段文字即成为第二段。

6. 文档另存

此时原始文档"陕师大简介"的内容已经发生了很大改变，为了将原始文档与当前文档的内容区分开，可以通过另外保存文档的方法实现。

执行"文件"→"另存为"命令，弹出如图 4-3 所示的"另存为"对话框，在"地址栏"中选择保存位置："F:\练习\word"，在"文件名"文本框中输入文件名称"学校介绍"，"保存类型"选择"Word 文档"，单击"保存"按钮，即可将文件以新文件名"学校介绍.docx"保存在原来的位置上。此时窗口标题栏中的文件名将由"陕师大简介"变为"学校介绍"。

如果对文档"学校介绍"继续进行编辑操作，可以随时按快捷键 Ctrl + S 或单击"快速访问工具栏"中的"保存"按钮，这样就以新的内容覆盖原有内容，不再弹出"另存为"对话框，不再生成新的文件。

7. 文档字符格式化——设置各部分字体格式

选中标题文字 "陕西师范大学简介"，单击"开始"选项卡"字体"组右侧的"字体"按

钮 ，或者选中标题文字后右击，在弹出的快捷菜单中选择"字体"选项，弹出如图 4-5 所示的"字体"对话框。在对话框的"中文字体"下拉列表框中选择"黑体"，在"字形"下拉列表框中选择"常规"，在"字号"（即字符大小）下拉列表框中选择"二号"；然后单击"确定"按钮，关闭对话框。

选中除标题和最后一段文字以外的所有内容，用上述方法调出"字体"对话框，设置"字体""字号"分别为"楷体""小四号"；再单击"字体颜色"下拉按钮，选择字体颜色为"蓝色"；最后单击"确定"按钮。

选中最后一段文字，用前述方法调出"字体"对话框，设置中文字体为"隶书"，字号为"四号"，字体颜色为"紫色"。然后在"下划线线型"下拉列表框中为该段文字选择"单波浪线"，此时"下划线颜色"选择框由不可选的灰色框变成可选的黑色框，单击下拉按钮，选择下划线颜色为"紫色"。

接着在"字体"对话框中选择"高级"选项卡，如图 4-6 所示，先设置字符间距，单击"间距"旁的下拉按钮，选择"加宽"选项，并设置"磅值"为"2 磅"；再设置文字位置，单击"位置"旁边的下拉按钮，选择"上升"选项，设置"磅值"为"3 磅"；最后单击"确定"按钮。

图 4-5　"字体"对话框

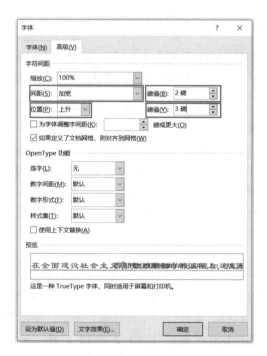

图 4-6　"字体"对话框"高级"选项卡

8. 段落格式化

（1）设置标题格式：选中标题文字"陕西师范大学简介"，选择"开始"选项卡，单击"段落"组右侧的"段落设置"按钮 ，或者选中标题文字后右击，在弹出的快捷菜单中选择"段落"选项，弹出如图 4-7 所示的"段落"对话框，单击"对齐方式"旁的下拉按钮，选择"居中"，最后单击"确定"按钮。

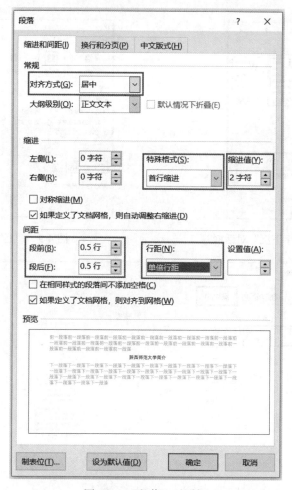

图 4-7 "段落"对话框

（2）设置缩进和间距：选中第二段至最后一段内容，用前述方法调出"段落"对话框，单击"特殊格式"的下拉按钮，选择"首行缩进"，并将"缩进值"设置为"2 字符"；接着设置段落的"段前"和"段后"间距均为"0.5 行"；最后设置行距为"单倍行距"。

（3）设置首字下沉：选中第一段文字，单击"插入"选项卡"文本"组中的"首字下沉"按钮，在弹出的下拉列表中选择"首字下沉选项"选项，弹出如图 4-8 所示的对话框。在图 4-8 标示①处选择"位置"为下沉；标示②处设置"下沉行数"为 3 行；最后单击"确定"按钮。

（4）设置分栏：选中第二段至第六段内容（包含段尾的回车符号在内），在"布局"选项卡的"页面设置"组中，在"栏"命令的下拉列表中选择"更多栏"选项，弹出如图 4-9 所示的"栏"对话框。在图 4-9 标示①处，选择"预设"为"两栏"；标示②处，选中"栏宽相等"复选框；最后单击"确定"按钮。这样，就设置了两栏宽度相等的分栏格式。

（5）为段落设置底纹：选中文章的第一段，单击"设计"选项卡中"页面背景"组中的"页面边框"按钮，弹出"边框和底纹"对话框，切换至"底纹"选项卡，如图 4-10 所示。在图 4-10 标示②处选择填充颜色为"浅黄"，在图中标示③处选择设置应用于"段落"，最后单击"确定"按钮。

图 4-8　"首字下沉"对话框

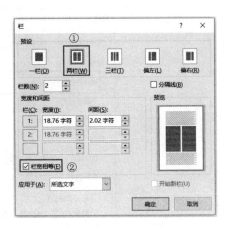

图 4-9　"栏"对话框

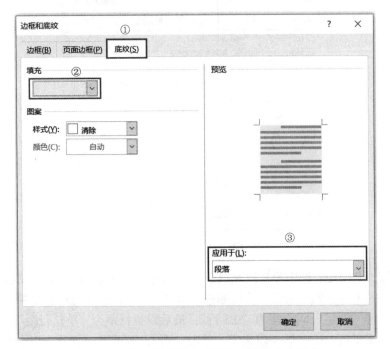

图 4-10　"边框和底纹"对话框"底纹"选项卡

9. 图文混排

（1）插入图片：首先，将输入光标定位于文章第四段的任意位置；然后，单击"插入"选项卡"插图"组中的"图片"按钮，弹出如图 4-11 所示的"插入图片"对话框。在图中标示①处选择图片文件的存放位置："F:\练习\word"，单击标示②处的图片文件图标，最后单击"插入"按钮即可。

（2）调整图片大小和位置：将图片添加到文档中以后，图片默认以原始大小、嵌入式形式插入文档中，根据需要做进一步调整。

首先，单击选中图片，图片的四周会出现 8 个控点（称为句柄，拖动它可以改变图片的大小），并出现"图片工具"下的"格式"选项卡，其中有"调整""图片样式""辅助功能""排列""大小"5 个组，如图 4-12 所示。

图 4-11 "插入图片"对话框

图 4-12 "图片工具"下的"格式"选项卡

提示:
① 句柄用法:拖动位于四个角上的句柄,可等比例地调整图形的高度和宽度;拖动位于中间的句柄,分别改变图形的高度和宽度。
② 选中图片,单击"排列"组或"大小"组中的相应命令,操作更快捷。

调整图片大小:在"格式"选项卡中的"大小"组中,设置图片的高度为 3.18 厘米,宽度为 4.77 厘米,如图 4-13 所示。

图 4-13 设置图片大小

调整图片位置:单击"排列"组中的"环绕文字"按钮,可以设置图片和文字的位置关系,在弹出的下拉列表中选择"嵌入型"选项,如图 4-14 所示。

(3)插入艺术字:单击"插入"选项卡中"文本"组中的"艺术字"命令,在弹出的下拉列表中选择样式,例如,此处选择第一排第三个样式:"填充—白色,投影",接着出现"请在

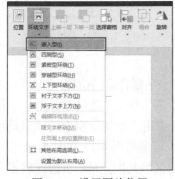

图 4-14 设置图片位置

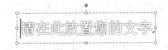

图 4-15 插入艺术字

此放置您的文字"的字样，如图 4-15 所示，直接输入"陕西师范大学"，艺术字就成功插入了。

（4）设置艺术字格式：Word 将艺术字作为特殊图片类型来处理，刚添加的艺术字会采用默认的格式，可以根据需要进行修改。

设置艺术字字体：选中艺术字图片，按前述方式打开"字体"对话框，设置字体为"楷体"，字形为"加粗"，字号为"初号"。

设置艺术字文本效果：单击"格式"选项卡中"艺术字样式"组中的"文本效果"按钮，在弹出的下拉列表中选择"三维旋转"选项，在后续的列表中选择"透视"中的第一项"透视：前"，如图 4-16（a）所示；接着在之前的下拉列表中再选择"转换"选项，在其后续的列表中选择"弯曲"→"领章：左"按钮，如图 4-16（b）所示。单击"文本轮廓"按钮，在弹出的页面中选择主题颜色为"白色，背景 1，深色 15%"。

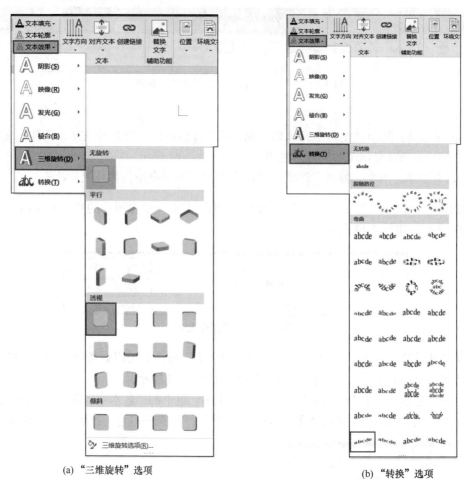

(a)"三维旋转"选项　　　　(b)"转换"选项

图 4-16　设置艺术字文本效果

设置艺术字的位置：根据需要可以使用鼠标拖动艺术字到合适的位置。

设置艺术字大小：选中艺术字，单击"绘图工具"下的"格式"选项卡，在"大小"组中，设置艺术字的高度为 7.37 厘米，宽度为 14.61 厘米；再单击"排列"组中的"自动换行"按钮，设置艺术字和周围文字的关系为"衬于文字下方"（可参照图 4-13 和图 4-14）。

（5）插入文本框：一般来讲，文档中可以输入文字的区域是固定的，页边区域不允许输入文字，文本框中的文字却可以突破这种局限，图 4-2 中在文档下页边处输入的文字内容可以通过插入文本框来实现。

将光标置于文档末尾，选择"插入"选项卡中的"文本"组，执行"文本框"→"绘制竖排文本框"命令，此时鼠标的形状会变成"十"字形，拖动鼠标绘制出合适大小的区域。在该区域中输入以下文字：厚德 积学 励志 敦行。

（6）设置文本框内的文字格式：选中文本框中的文字，按照前述设置文本格式及段落格式的方法，打开"字体"对话框和"段落"对话框，设置"字体"为"楷体"，"字号"为"小二号"，"字形"为"加粗"；"段前""段后"间距设为"3 行"，"行距"设为"多倍行距"，"设置值"为"3"。

（7）文本框内添加并设置项目符号：选中文本框中的文字，单击"开始"选项卡中"段落"组中的"项目符号"按钮，在弹出的项目符号列表中选择"●"。

由于刚插入的项目符号过大，可以在之前打开的项目符号列表中，执行"定义新项目符号"命令，弹出图 4-17 所示的"定义新项目符号"对话框，单击其中的"字体"按钮，弹出"字体"对话框，设置字号为"三号"，颜色为"深红"，最后单击"确定"按钮，关闭对话框。

（8）设置文本框格式：在 Word 中，文本框是作为一种特殊图形来处理的，因此，可以用处理图片的方法来调整文本框的大小、文字环绕方式、线条颜色等。

单击选中文本框，选择"绘图工具"下的"格式"选项卡，单击"形状样式"组右侧的"形状填充"按钮，在弹出的下拉列表中，如图 4-18 所示，将"主题颜色"设置为"蓝色，个性色 1，淡色 80%"。单击"形状轮廓"按钮，在弹出的下拉列表中，将"主题颜色"设置为"黑色，文字 1"，"粗细"设置为 1 磅，"虚线"设置为"圆点"。单击"格式"选项卡"排列"组中的"环绕文字"按钮，在下拉列表中设置"浮于文字上方"。

图 4-17 "定义新项目符号"对话框

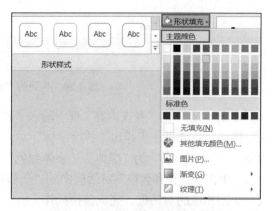

图 4-18 设置文本框形状填充效果

10. 快速格式化

Word 提供了查找和替换功能，可以实现快速修改格式。例如，可以使用替换功能将文档中的所有"教师"修改为其他格式。

在"开始"选项卡的"编辑"组中单击"替换"按钮，打开"查找和替换"对话框，如

图 4-19 所示。由于此处替换涉及字符格式，所以需要先单击图 4-19 中的"更多"按钮，对话框扩展后如图 4-20 所示。

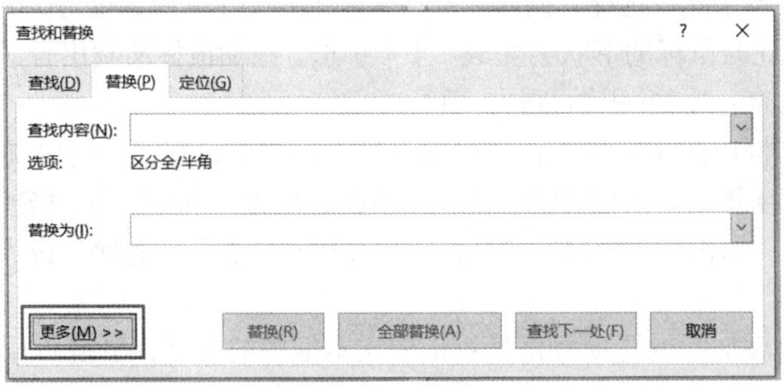

图 4-19　"查找和替换"对话框

图 4-20　扩展的"查找和替换"对话框

在图 4-20 中的"查找内容"框中输入"教师"，在"替换为"框中输入"教师"；单击"格式"按钮，系统进一步弹出"替换字体"对话框，如图 4-21 所示，为替换后的文字设置需要的格式："中文字体"为"黑体"，"字体颜色"为"紫色"，单击"确定"按钮，关闭该对话框。最后，单击"查找和替换"对话框中的"全部替换"按钮，系统弹出消息框，提示文档搜索完成，关闭相应的对话框，完成替换操作。

下面介绍快速格式化的其他两种方法。

（1）使用格式刷复制格式：首先选取格式化好的一段文本（选取被复制的对象），然后单击或双击常用工具栏上的"格式刷"按钮，这时鼠标指针会变成一个小刷子，这个小刷子代表了一组字符格式的设置。用这个小刷子刷过一段文本（即需要粘贴格式的目标位置），被刷过的文本立即采用选中的格式。单击与双击"格式刷"按钮的区别：单击表示只使用一次

图 4-21　"替换字体"对话框

"格式刷"，双击则可以连续多次使用"格式刷"，能将某一指定格式复制到多个地方，直到再次单击"格式刷"按钮或按 Esc 键，使鼠标形状复原为止。

（2）事先定义"样式"并将其应用于其他段落："样式"是系统或用户定义并保存的一系列排版格式，包括字符格式、段落格式、表格格式等，在文档中使用样式，不仅可以减少重复性操作，还可以快速地格式化文档。因此在编辑文档时，可以根据需要先将文档中要用到的各种样式分别加以定义，使之应用于所需内容。

① 新建样式：单击"开始"选项卡中"样式"组右下角的"样式"按钮，弹出如图 4-22 所示的"样式"对话框，单击左下角的"新建样式"按钮，弹出"根据格式化创建新样式"对话框，如图 4-23 所示。在"名称"框中输入预定义的样式名称；在"样式类型"下拉列表框中选择新样式是应用于段落还是应用于字符。单击"格式"按钮，弹出一个有字体、段落、边框等多个选择项的下拉列表，选择其中的一项，在弹出的对话框中设定新样式对应的格式。

在建立新样式之前，可以在"样式基准"下拉列表中，选择一种 Word 预定义的样式，作为新建样式的基础，还可以在"后续段落样式"下拉列表中，为下一个段落选取样式（这一选项仅适用于段落样式）。如果希望使用当前文档格式作为设定样式的基准格式，可以先选定当前文本，然后再执行以

图 4-22　"样式"对话框

上新建样式的操作，如图 4-23 所示。

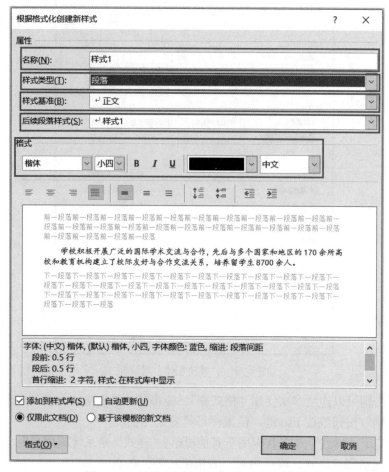

图 4-23　"根据格式化创建新样式"对话框

② 应用样式：选中要应用样式的文本，按照前述方法打开"样式"对话框，从中选择新建样式名称即可；或者单击"开始"选项卡中"样式"组里的"其他"按钮 ，在弹出的列表中选择"应用样式"选项，打开"应用样式"对话框，在"样式名"下拉列表中选择新建样式名称，如图 4-24 所示。

图 4-24　"应用样式"对话框

11. 文档格式化

设置文档边框：单击"页面布局"选项卡中的"页面背景"组中的"页面边框"按钮，打开"边框和底纹"对话框，如图 4-25 所示。在图 4-25 的标示①处，选择"三维"边框；标示②处，选择线条样式为"粗阴影线条"；标示③处，选择线条颜色为"绿色"；标示④处，选择线条宽度为"3.0 磅"；标示⑤处，选择应用于"整篇文档"。设置好后，如果预览框显示的设置效果和预期效果一致，即可单击"确定"按钮。

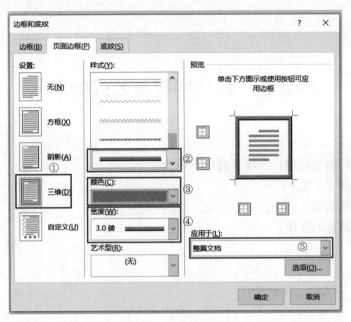

图 4-25　设置页面边框

实验五　特殊字符与公式的录入

一、实验目的

通过对实际样例的处理，熟练掌握以下内容：

（1）符号的录入方法。

（2）特殊符号的录入方法。

（3）公式编辑器的使用。

二、实验环境

Windows 10 中文版，Word 2019。

三、实验内容

（1）在"F:\练习\word"目录下建立以"符号与公式"命名的文件夹。

（2）在 Word 中输入下列字符，并以"符号练习"为文件名保存在"符号与公式"文件夹中。

① CJK 符号和标点：〖、〗、【、】、《、》、〈、〉。

② 数学运算符：∵、∴、≤、∫、≅、∑、∩、∮、≠、∥、∈。

③ 特殊符号：§、—、¶、…、©、™、®。

④ Wingdings：☜、📠、💻、🏱、⌛、✉、📖、✈、✌、☺。

⑤ Wingdings 2：☑、☞、☒、⊗、❶、❻、❾。

（3）在 Word 中输入下列公式，并以"公式练习"为文件名保存在"符号与公式"文件夹中。

①
$$d = \sqrt{\left(x_2 - x_1\right)^2 + \left(y_2 - y_1\right)^2}$$

②
$$x = \frac{-b \pm \sqrt{b^2 - 4dc}}{2d}$$

③
$$S = \sum_{i}^{10} \sqrt[3]{x_i - a} + \frac{a_3}{x_i^3 - y_i^3} - \int_3^7 x_i \mathrm{d}x$$

四、实验步骤

1. 创建 Word 文档

在"F:\练习\word"目录下建立以"符号与公式"命名的文件夹。打开 Word 2019，新建一个 Word 文档，将其保存在前面建立的文件夹中，文件名为"符号练习"。

在 Word 中输入符号：在需要插入符号的位置单击，单击"插入"选项卡，在"符号"组中单击"符号"按钮（见图 5-1），弹出"符号"列表，如图 5-2 所示，单击"其他符号"选项，弹出如图 5-3 所示的"符号"对话框。

图 5-1　　"插入"选项卡符号"组

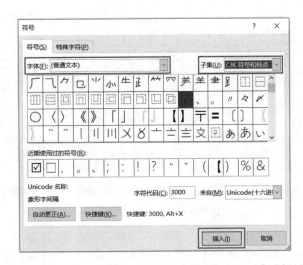

图 5-2　　"符号"列表　　　　　图 5-3　　"符号"对话框中的"CJK 符号和标点"子集选择界面

1）CJK 符号和标点：〖、〗、【、】、《、》、〈、〉

在"符号"对话框中选择"符号"选项卡，在"字体"下拉列表中选择"普通文本"选项，然后在"子集"下拉列表中选择"CJK 符号和标点"选项，在字符列表中选择所需的符号（图 5-3），单击"插入"按钮，或者在字符列表中直接双击所选的符号，这样所选的符号将出现在文本中，完成全部符号输入后，单击"关闭"按钮，结束符号输入的操作。

2）数学运算符：∵、∴、≤、∫、≌、∑、∩、∮、≠、∥、∈

在"符号"对话框中选择"符号"选项卡，在"字体"下拉列表中选择"普通文本"选项，在"子集"下拉列表中选择"数学运算符"选项，在字符列表中选择所需的符号（图 5-3、图 5-4），单击"插入"按钮，或者在字符列表中直接双击所选的符号，此时所选的符号将出现在文本中，完成全部符号输入后，单击"关闭"按钮，结束符号输入的操作。

3）特殊符号：§、—、¶、…、©、™、®

在需要插入符号的位置单击，在"符号"对话框中，选择"特殊字符"选项卡，如图 5-5 所示，选中所需的符号，再单击"插入"按钮，或者在字符列表中直接双击所选的符号，所选的符号就会出现在文本中，完成符号输入后，单击"关闭"按钮，结束符号输入的操作。

4）Wingdings：🖰、⌨、💻、🖴、⏳、✉、📖、✈、✌、☺

在需要插入符号的位置单击，在"符号"对话框中选择"符号"选项卡，在"字体"下拉列表中选择 Wingdings 选项，如图 5-6 所示，然后选中所需的符号，再单击"插入"按钮，或者在字符列表中直接双击所选的符号，所选的符号将出现在文本中，完成符号输入后，单击"关闭"按钮，结束符号输入的操作。

5）Wingdings 2：☑、🖊、☒、⊗、❶、❻、❾

在需要插入符号的位置单击，在"符号"对话框中选择"符号"选项卡，在"字体"下拉列表中选择 Wingdings 2 选项，如图 5-7 所示，然后选中所需的符号，再单击"插入"按钮，或者在字符列表中直接双击所选的符号，所选的符号将出现在文本中，完成符号输入后，单击"关闭"按钮，结束符号输入的操作。

图 5-4　"符号"对话框中的"数学运算符"子集
选择界面

图 5-5　"符号"对话框中的特殊字符

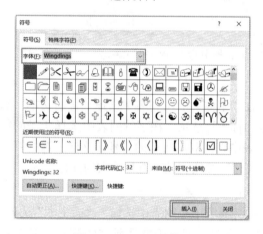

图 5-6　Wingdings 符号

图 5-7　Wingdings 2 符号

2. 在 Word 中输入计算公式

在 Word 中再新建一个文档，并将其保存在"F:\练习\word"中，文件名为"公式练习"。

1）用快捷方式输入公式 $d = \sqrt{(x_2 - x_1)^2 + (y_2 - y_1)^2}$

用 Alt+=快捷键打开公式编辑框，如图 5-8 所示，输入"d=\sqrt"，接着输入空格键，就会出现图 5-9 所示的内容，在根号内的框中，输入（x_2−x_1）^2+（y_2−y_1）^2，然后按空格键，这时得到了求两点之间距离的公式，如图 5-10 所示。

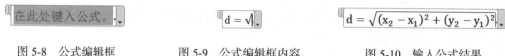

图 5-8　公式编辑框　　　图 5-9　公式编辑框内容　　　图 5-10　输入公式结果

2）直接输入内置公式

在"插入"选项卡中的"符号"组中单击"公式"按钮，在弹出的下拉列表中单击二次公式，如图 5-11 所示，根据需求修改公式中的变量，满足 $x = \dfrac{-b \pm \sqrt{b^2 - 4ac}}{2a}$。

3）直接输入新公式

（1）光标定位到需要插入公式的位置，然后在"插入"选项卡中的"符号"组中单击"公式"按钮，在弹出的下拉列表中选择"插入新公式"按钮，如图 5-12 所示。打开"公式工具"的"设计"选项卡，如图 5-13 所示，其中包含"工具""转换""符号""结构"四个组。

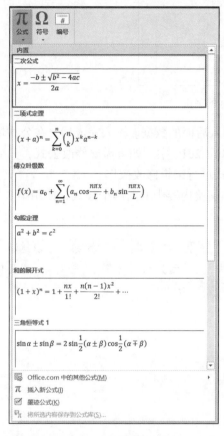

图 5-11 内置公式格式

图 5-12 "公式"按钮下拉菜单

图 5-13 "公式工具"界面

（2）在公式填充框中输入"$S=$"，然后在"公式工具"选项卡的"结构"组中单击"大型运算符"按钮，在弹出的下拉列表中选择"有极限的求和符"选项，此时，有极限的求和符添加至公式填充框中，在相应位置分别填入上下限取值 $i=1$ 和 10，然后将光标定位到求和符右侧的矩形框中。在"结构"组中单击"根式"按钮，在弹出的下拉列表中单击"立方根"按钮，添加立方根符号。光标定位在立方根符号中的矩形框，再在"结构"组中单击"上下标"按钮，从中选取带下标的选项，如图 5-14 所示，在左边的矩形框中输入 x，在下标的小矩形

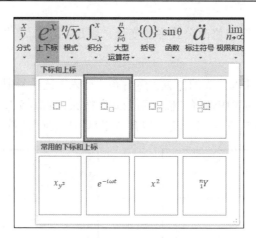

图 5-14　输入带下标的字符

框中输入 i，即完成了 x_i 的输入，移动光标，依次输入后面的数据。输入完成后，在公式填充框外的任意位置单击，退出公式编辑环境，返回 Word 2019 中。如果需要修改公式，只要单击公式，就会再一次进入公式编辑器，可以对该公式进行编辑修改操作。

采用上述第 1）种方法和第 2）种方法可输入本实验内容中的前两个公式，使用第 3）种方法可将三个公式全部输入文档中。

　　提示：单击"公式工具"的"设计"选项卡中的"符号"组的"其他"按钮，可以选择"基础数学""希腊字母""字母类符号""运算符""箭头""求反关系运算符""手写体""几何图形"等内容。

实验六　表格与自选图形的制作

一、实验目的

通过对实际样例的处理，熟练掌握以下内容：

（1）页面设置。

（2）页眉、页脚设置。

（3）表格的建立及编辑。

（4）表格的格式化。

（5）项目符号和编号的添加。

（6）自选图形的绘制。

二、实验环境

Windows 10 中文版，Word 2019。

三、实验内容

（1）制作表格，使之成为文档的第 1 页，效果如图 6-1 所示。

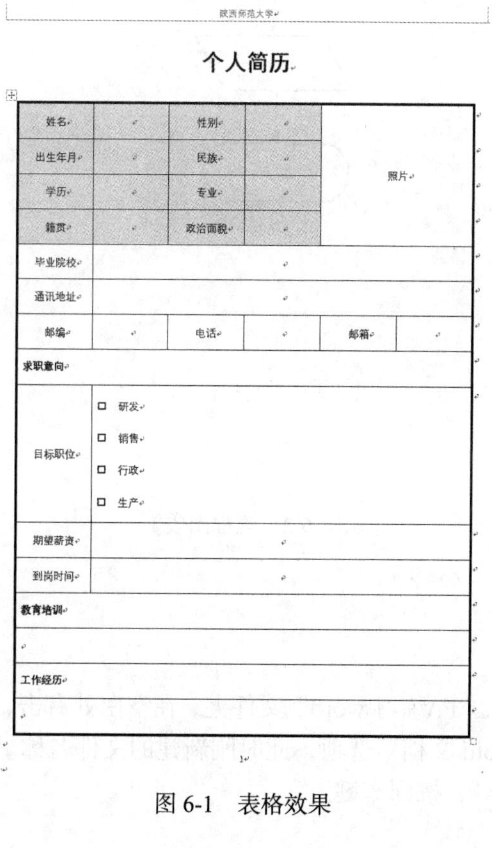

陕西师范大学

个人简历

姓名		性别		照片	
出生年月		民族			
学历		专业			
籍贯		政治面貌			
毕业院校					
通讯地址					
邮编		电话		邮箱	
求职意向					
目标职位	□ 研发 □ 销售 □ 行政 □ 生产				
期望薪资					
到岗时间					
教育培训					
工作经历					

1

图 6-1　表格效果

（2）制作流程图，使之成为文档的第 2 页，效果如图 6-2 所示。

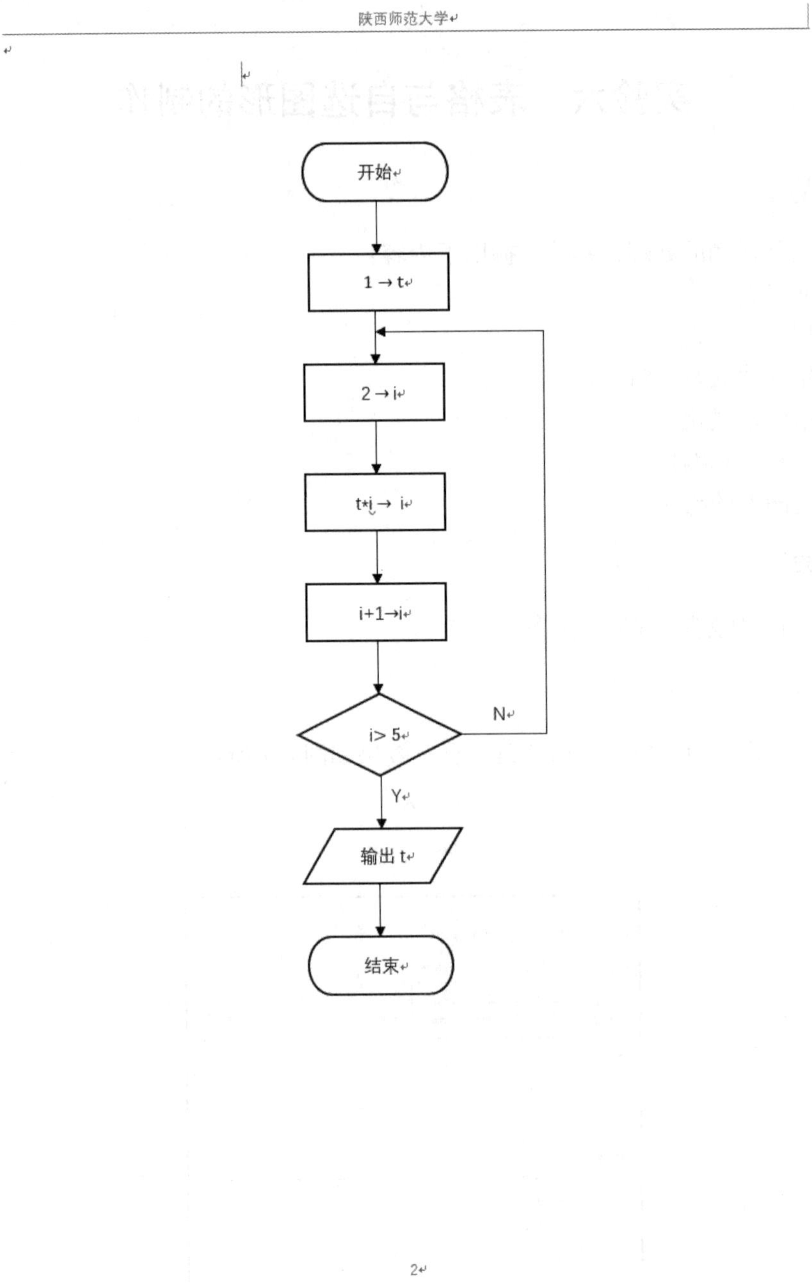

陕西师范大学

图 6-2　流程图效果

四、实验步骤

1. 新建文档

打开"此电脑"，进入"F:\练习\word"文件夹，在空白处右击，在弹出的快捷菜单中选择"新建"→"Microsoft Word 文档"选项，此时刚新建的文件名称呈深色反选状态，输入新的文件名"表格与图形.docx"，按回车键。

2. 设置页面格式

（1）页面设置：双击打开"表格与图形.docx"文件，执行"文件"→"打印"命令，在弹出的菜单中单击右下角的"页面设置"按钮，如图 6-3 所示。接着在弹出的"页面设置"对话框中切换至"页边距"选项卡，如图 6-4 所示，设置上、下、左、右页边距均为 2 厘米，设置纸张方向为"纵向"。

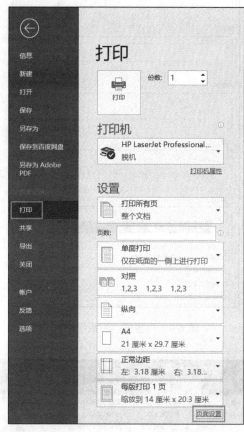

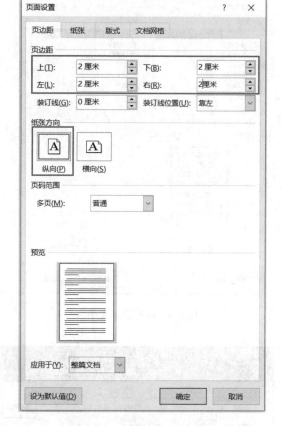

图 6-3 执行"文件"→"打印"命令 　　　　图 6-4 "页面设置"对话框

在"页面设置"对话框中，再选择"纸张"选项卡，如图 6-5 所示，设置"纸张大小"为"自定义大小"，"宽度"为"22 厘米"，"高度"为"29.7 厘米"，最后单击"确定"按钮。

（2）为文档添加页眉、页脚和页码。

① 添加页眉文字：在"插入"选项卡的"页眉和页脚"组中，单击"页眉"按钮，Word 2019 提供了几种内置页眉模板，如图 6-6 所示。选择空白模板，此时窗口将出现"页眉和页脚工具"选项卡和被矩形框包围的编辑区，且文档正文部分呈灰色显示，如图 6-7 所示。如果单击"导航"组的"转至页脚"按钮，可以切换到页脚编辑区。

② 将插入点放在页眉编辑区，如图 6-7 所示，输入页眉文字"陕西师范大学"。如果需要编辑页眉文字的位置，可以将其选中，在"页眉和页脚工具"选项卡中的"位置"组中，单击"插入对齐制表位"按钮，如图 6-8 所示，弹出"对齐制表位"对话框，设置"对齐"方式为"右对齐"，如图 6-9 所示。

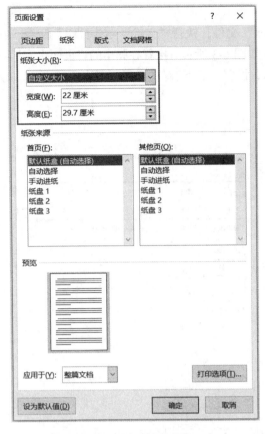

图 6-5　设置纸张大小

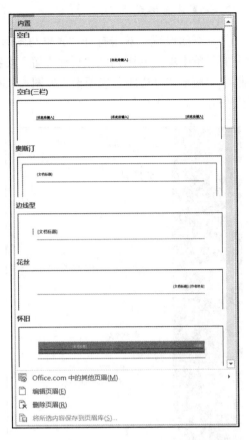

图 6-6　内置的"页眉"模板

图 6-7　页眉编辑状态

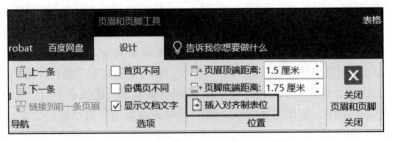

图 6-8　单击"插入对齐制表位"按钮

也可以在页眉或页脚处双击，在系统弹出的"页眉和页脚工具"的"设计"选项卡上进行上述操作。

③ 输入页码：在"页眉和页脚"组中单击"页码"按钮，在下拉菜单中，选择"页面底端"选项，如图 6-10 所示，接着在浏览库的选项中选择"普通数字 2"，如图 6-11 所示，从而为页码设置数字样式。

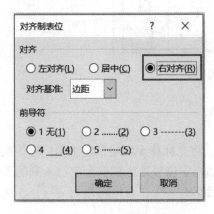

图 6-9　"对齐制表位"对话框

图 6-10　"页码"下拉菜单

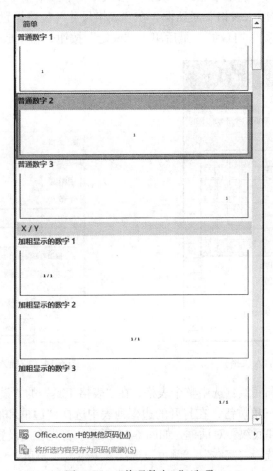

图 6-11　"普通数字 2"选项

设计好页眉和页脚后，双击文档正文或单击"页眉和页脚工具"的"设计"选项卡中的"关闭页眉和页脚"按钮，如图 6-12 所示，此时页眉和页脚呈灰色显示，表示不可编辑。

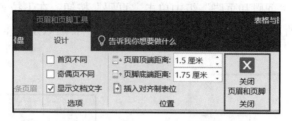

图 6-12　　"关闭页眉和页脚"按钮

3. 绘制表格

（1）插入基础样式的表格。

方法一：单击"插入"选项卡中的"表格"按钮，将光标移至网格的左上角，拖动鼠标至 8 行 6 列数的位置，如图 6-13 所示，单击，则在文档指定位置处生成一个 8 行 6 列的表格。然后将光标放在表格最后一行的回车位置处，每按回车键一次，表格将增加一行，连续按回车键，直至生成一个 15 行 6 列的表格。

方法二：单击"插入"选项卡中的"表格"按钮，在下拉菜单中选择"插入表格"选项，出现如图 6-14 所示的"插入表格"对话框，在"表格尺寸"位置设置表格的列数为 6，行数为 15；并设置"固定列宽""自动"，最后单击"确定"按钮，将生成一个 15 行 6 列的表格。

图 6-13　插入表格

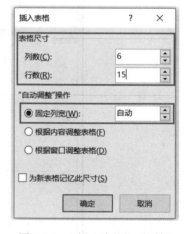

图 6-14　"插入表格"对话框

（2）设置表格边框和底纹：选中整个表格，在"表格工具"的"设计"选项的"边框"组中，单击"边框"下拉三角按钮，在打开的边框列表中选择"边框和底纹"选项，如图 6-15 所示，系统弹出"边框和底纹"对话框，如图 6-16 所示。首先在"设置"栏中选择"自定义"选项，在"样式"栏中选择"实线"，"颜色"选择"黑色"，"宽度"设为"3.0 磅"作为外框线线型，分别单击图 6-16 中标示①处的按钮，为表格设置外框线；再选择"黑色"，"宽度"

为 1 磅的实线，作为内框线线型，分别单击图 6-16 中标示②处的按钮，为表格设置内框线；然后，在"应用于"下拉列表中选择"表格"选项，表示上述设置将应用于整个表格，最后单击"确定"按钮，完成表格边框的设置。

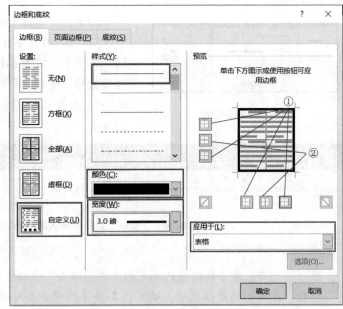

图 6-15　"边框"下拉菜单　　　　　　　　图 6-16　"边框和底纹"对话框

选中表格的前 4 行和前 4 列，在"边框和底纹"对话框中切换到"底纹"选项卡，如图 6-17 所示，将"填充"选项设置为"蓝色"即可。

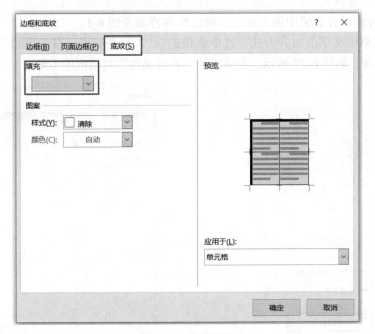

图 6-17　底纹设置

　　此外，还可以使用另外一种方法设置表格的边框和底纹。首先选中表格，并切换至"表格工具"的"设计"选项卡，在"边框"组中分别设置"笔样式""笔划粗细""笔颜色"，如图 6-18 所示；然后在"边框"组中单击"边框"按钮，在弹出的下拉菜单中选择"外侧框线"或"内部框线"选项，即可完成表格边框的设置。

图 6-18　绘制边框

　　（3）合并、拆分或删除单元格：选中表格前 4 行中第 5、6 列的所有单元格，并切换到"表格工具"的"布局"选项卡，如图 6-19 所示，在"合并"组中单击"合并单元格"按钮，即可合并选中的所有单元格。用同样的方法合并其他需要合并的单元格，具体要求参照图 6-1。

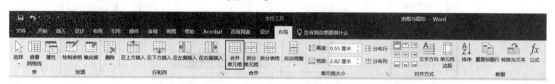

图 6-19　"表格工具"功能区的"布局"选项卡

　　提示：
　　拆分单元格：选中待拆分的单元格，在"布局"选项卡的"合并"组中，单击"拆分单元格"按钮，在弹出的对话框中，输入将要拆分的列数和行数。
　　删除单元格：选定待删除的单元格，在"布局"选项卡的"行和列"组中单击"删除"按钮，在下拉菜单中选择"删除单元格"选项，也可以根据需要删除行、列或表格。

　　（4）表格中文字的编辑。
　　① 在表格中输入文字：先把插入点放在要输入文字的单元格内，然后采用在 Word 文档中输入文字的方法，在表格中输入文字，输入的内容参考图 6-1。
　　② 设置表格中文字的对齐方式：选中表格的前 7 行并右击，在弹出的快捷菜单中选择"表格属性"选项，如图 6-20 所示，在弹出的"表格属性"对话框中（见图 6-21）设置"单元

图 6-20　选择"表格属性"选项

图 6-21　"表格属性"对话框

格"选项卡的"垂直对齐方式"为"居中",单击"确定"按钮关闭该对话框,同时单击"开始"选项卡"段落"组中的"居中"按钮。用同样的方式设置"目标职位""期望薪资""到岗时间"单元格文字的对齐方式。同时设置"教育培训""工作简历"下面的空白单元格的"垂直对齐方式"为"居中","段落"为"左对齐"。

此外也可以选中所需的单元格,切换到"表格工具"的"布局"选项卡,在"对齐方式"组中单击相应的对齐方式按钮。

（5）为表格中的内容设置项目符号:选中第9行第2列中的"研发""销售""行政""生产"四个段落（注意:这四个词后面均有回车符号,表示其为段落）。在"开始"选项卡中的"段落"组中单击"项目符号"按钮,弹出如图6-22所示的"项目符号"列表,从"项目符号库"中选择所需的项目符号。

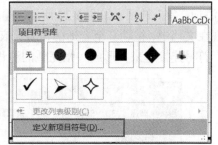

如果"项目符号库"中没有需要的项目符号,则执行"定义新项目符号"命令,在"定义新项目符号"对话框中,单击"符号"按钮,弹出"符号"对话框,

图6-22 项目符号列表

从中选择需要的项目符号,如图6-23所示,单击"确定"按钮,完成所需符号字符的设置。

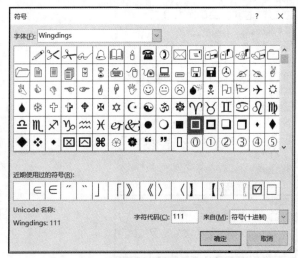

图6-23 "定义新项目符号"及"符号"对话框

（6）根据需要调整单元格大小:可以将鼠标放在表格的边线上,等鼠标变成两个对靠的箭头时,拖动鼠标调整单元格大小。这种方法适合尺寸要求不严格的情况。如果对表格尺寸有严格要求,需要切换到"表格工具"的"设计"选项卡,在"单元格大小"组中设置精确的行高或列宽值。

（7）在表格上方添加"个人简历"标题:设置字体为"黑体,加粗,二号",段落间距为"段前:1行,段后:1行"。将"求职意向""教育培训""工作经历"的字体加粗。

（8）根据需要调整表格的行距:设置行距为"2倍行距"。

4. 绘制自选图形

将光标置于第一页表格下方的任意位置,单击"布局"选项卡中的"分隔符"按钮,在弹出的下拉菜单中选择"分页符"选项，在第一页最后插入分页符，建立新的一页，在该页上绘制如图 6-2 所示的流程图，操作步骤如下。

（1）绘制流程图：首先单击"插入"选项卡的"插图"组中的"形状"按钮，在弹出的列表中单击"流程图"中所需的图形符号按钮，如图 6-24 所示；接着在文档中拖动鼠标，绘制该图形，并通过"绘图工具"的"格式"选项卡中的"形状样式"组设置形状填充为"无填充"，形状轮廓为黑色实线。完成后将鼠标移动到该图形上，右击弹出快捷菜单，选择其中的"添加文字"选项，如图 6-25 所示，输入文字内容。完成上述操作后，该图形符号将完整地出现在文档中，拖动其至合适的位置。依次输入图 6-2 中各流程图符号，用带箭头的线条将各图形符号连接起来，形成一张完整的流程图。

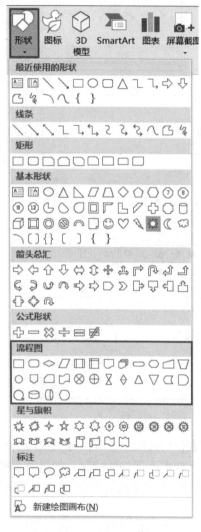

图 6-24　绘图工具

图 6-25　在图形中添加文字

（2）组合图形：所需要的图形都绘制好后，首先按住 Shift 键或 Ctrl 键，依次选中待组合的每一个图形，然后选择"绘图工具"的"格式"选项卡，单击"排列"组中的"组合"按钮，这样就可以将所选图形组合成一个整体。此外，也可以在选定的图形上右击，在弹出的快捷菜单中执行"组合"命令,并在出现的下一级菜单中执行"组合"命令。

取消图形组合:通过上述设置,被选中的独立形状将组合成一个可以整体操作的图形对象,如果希望对组合对象中的某个形状进行单独操作,可以取消图形组合。先选定组合图形,再单击"格式"选项卡中"排列"组中的"组合"按钮,在下拉菜单中选择"取消组合"选项,组合图形将恢复为一个个独立的图形;或者在选择的组合对象上右击,在弹出的快捷菜单中执行"组合"命令,并在下一级菜单中执行"取消组合"命令,即可取消组合操作,组合图形将恢复成一个个独立的图形。

实验七 长论文的编辑与排版

一、实验目的

通过对实际样例的处理，熟练掌握以下内容：

（1）长论文的排版技巧。

（2）题注、交叉引用的概念，以及交叉引用的使用方法。

（3）论文大纲结构的编辑与调整操作。

（4）目录的创建与更新操作。

二、实验环境

Windows 10 中文版，Word 2019。

三、实验内容

（1）打开"毕业论文.doc"文档，根据陕西师范大学毕业论文格式规范要求，使用样式快速、规范地修饰论文，并制作封面，效果如图 7-1 所示。

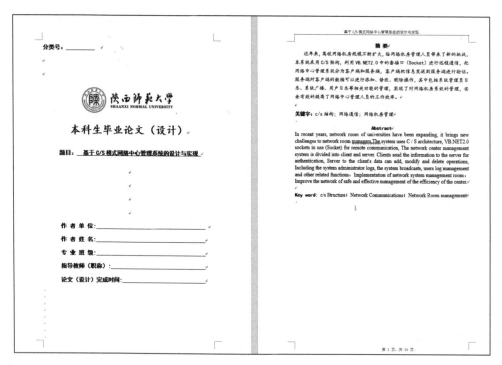

图 7-1 毕业论文样文

（2）设置论文的页眉、页脚。

（3）定制毕业论文样式。

（4）使用样式设置毕业论文的格式。

（5）设定大纲级别。

（6）使用文档结构图管理毕业论文。

（7）制作毕业论文目录。

四、实验步骤

1. 制作封面

（1）打开"毕业论文.doc"，输入论文封面内容，如图 7-2 所示。

图 7-2 论文封面

（2）插入"校徽.png"图片，将标题"本科生毕业论文（设计）"设置为楷体、一号、加粗、水平居中。将"题目"设置为黑体、四号、加粗、水平居中，并加下划线。将"分类号""作者单位""作者姓名""专业班级""指导教师（职称）""论文（设计）完成时间"等设置为黑体、四号、加粗，调整至合适位置，并在后面添加下划线。下划线的添加方式为：单击"开始"选项卡中"字体组"中的"下划线"按钮，然后连续按空格键，直到获得合适长度的下划线。

（3）通过设置段落间距或通过按回车键换行的方法，调整封面各段落到合适位置。

2. 创建论文页眉、页脚

（1）设置奇偶页不同：执行"文件"→"打印"→"页面设置"命令，打开"页面设置"

对话框，选择"版式"选项卡，如图 7-3 所示。在"页眉和页脚"栏中选择"奇偶页不同"和"首页不同"两个复选框。

（2）进入"页眉和页脚"视图：双击文档的页面顶部或页面底部，将进入"页眉和页脚"视图，或者在页眉或页脚处双击，也可以进入"页眉和页脚"视图。此时"页眉和页脚工具"的"设计"选项卡处于打开状态。

（3）设置页眉：将插入点定位到"奇数页"页眉处，输入"陕西师范大学毕业设计"，并居中对齐。将插入点定位到"偶数页"页眉处，输入"基于 C/S 模式网络中心管理系统的设计与实现"，居中对齐。

（4）设置页脚：将光标分别定位到"奇数页"和"偶数页"页脚处，在"插入"选项卡的"页眉和页脚"组中，单击"页码"按钮，滚动页码库中的选项，查找页码库中包含"第 X 页，共 Y 页"的格式。如果所需格式不存在，可通过自定义页码格式来完成。

（5）自定义页码格式：如果库选项中没有所需的页码格式，可创建自定义页码格式。该过程通过以下几个步骤完成。

① 在页脚处输入汉字"第"和一个空格。

② 单击"插入"选项卡"文本"组中的"文档部件"按钮，如图 7-4 所示，在下拉菜单中执行"域"命令，弹出"域"对话框，在"域名"中选择 Page，如图 7-5 所示，单击"确定"按钮，在刚输入的文字"第"后将显示页码。

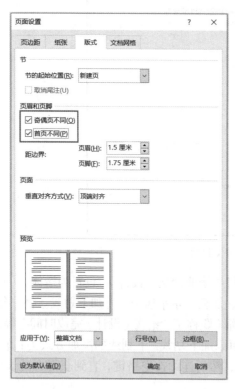

图 7-3　"页面设置"对话框　　　　图 7-4　"文档部件"按钮

③ 在显示的页码后键入一个空格，再键入"页，共"，然后再键入一个空格。

④ 重复上述第②步操作，在"域"对话框的"域类别"中选择 NumPages，单击"确定"按钮，在文字"共"后面将显示文档的总页数。

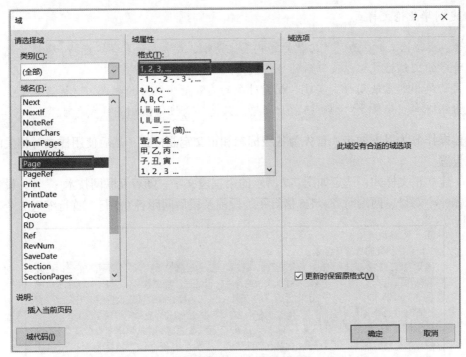

图 7-5 "域"对话框

⑤ 在总页数后键入一个空格，再键入"页"字。

⑥ 设置页码位置，居中对齐。一种方法是，直接单击"开始"选项卡"段落"组中的"居中"按钮实现。另一种方法是，先双击页脚区域（靠近页面底部），打开"页眉和页脚工具"的"设计"选项卡。如果要将页码放置在页面中间，首先将光标定位到页码的第一个字符"第"之前，然后单击"设计"选项卡"位置"组中的"插入'对齐方式'选项卡"按钮，在弹出的"对齐制表位"对话框中选择"居中"单选按钮并单击"确定"按钮，如图 7-6 所示。如果要将页码放置到页面右侧，则在"对齐制表位"对话框中选择"右对齐"单选按钮。

⑦ 单击"设计"选项卡中的"关闭页眉和页脚"按钮，返回至文档正文。

3. 设置"摘要"部分格式

（1）选中论文摘要部分，将"摘要"两个字设为小四号黑体，中间空一个字，对齐方式设为"居中"；摘要对应的具体内容用小四号楷体，行距设为 20 磅。

（2）"关键字"三个字设为小四号黑体；关键字对应的具体内容设为小四号楷体。

（3）英文摘要"Abstract"设为小四号黑体，加粗，对齐方式为"居中"，具体内容设为 Times New Roman 小四号字体。

（4）英文关键字"Key word"使用小四号黑体，加粗，关键字对应的内容均使用 Times New Roman 小四号字体。

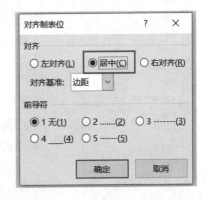

图 7-6 "对齐制表位"对话框

4. 定制毕业论文样式

提示：撰写论文时，为了使文档的结构层次清晰，通常要设置多级标题。每级标题和正文均采用特定的文档格式，以便日后的目录编排。

论文的编排通常使用样式实现。相同排版的内容使用统一的样式，这样做能减少工作量和降低出错概率。如果要对排版格式做调整，只需一次性修改相关样式即可。

具体操作分为以下两步：首先为各级标题和正文定制样式，然后使用样式对相关内容进行格式设置。

（1）建立正文样式：选定如图 7-7 所示的第三段文字"随着互联网技术……"，设置其格式为宋体、小四号、两端对齐、1.5 倍行距、段前及段后间距各 0.5 行、首行缩进 2 个字符。

第一章 绪论

1.1 系统研究的目的及意义

随着互联网技术的不断发展,计算机及网络技术已成为现代教学活动中必不可少的学习内容和使用工具,越来越多的学校购置了大量的计算机设备进行辅助教学,为教师和学生提供了良好的教学学习环境,较大的改善了办学条件[1]。在高校计算机硬件设备添加的同时,也给管理方面带来了新的工作和问题,如何有效的使用这些设备,更好的为同学服务,成为了各学校计算机机房管理部门所关心和热点问题,利用 C/S 系统架构的网络中心管理系统不仅可以解决机房客户的监管问题,而且有效的降低了工作的复杂程度,网络管理员只需登陆此系统就能很好掌握目前机房的所有客户信息,有效的提高了网络机房管理的效率。

1.2 国内外研究现状

1.2.1 国外研究现状

国外计算机机房管理方式与国内有很多不同之处。在国外特别是发达国家,由于计算机技术应用普及程度较高,公用机房管理系统并没有得到广泛的应用,计算机资源较为充裕,所以机房规模不大,发展较为稳定[2]。

图 7-7　部分正文

在"开始"选项卡的"样式"组中，单击"样式"按钮 ，打开"样式"对话框，在"样式"对话框中单击左下角的"新样式"按钮，如图 7-8 所示。打开"根据格式化创建新样式"对话框，如图 7-9 所示，在"名称"框内输入"论文正文"作为新建样式名，单击"确定"按钮，完成"论文正文"样式的建立。

（2）建立各级标题样式：选定如图 7-7 所示内容中的"第一章 绪论"，设置其格式为黑体、三号、居中、段前及段后间距各 10 磅。按照上述建立正文样式的方法，将此样式名称设为"一级标题"，样式基准设为"标题 1"。

选定如图 7-7 所示内容中的"1.1 系统研究的目的及意义"，设置其格式为黑体、四号、段前间距 13 磅、段后间距 5 磅。按照上述建立正文样式的方法，将此样式名称设为"二级标题"，样式基准设为"标题 2"。

选定如图 7-7 所示内容中的"1.2.1 国外研究现状"，设置其格式为隶书、四号、段前间距 10 磅、段后间距 6 磅。按照上述建立正文样式的方法，将此样式名称设为"三级标题"，样式基准设为"标题 3"。生成新样式的对话框如图 7-10 所示。

图 7-8　"样式"对话框

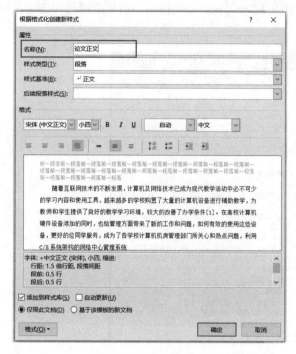

图 7-9 "根据格式化创建新样式"对话框

图 7-10 生成新样式的对话框

5. 使用样式设置毕业论文格式

论文第二章的部分内容如图 7-11 所示。

第二章 关键技术及开发工具
2.1 C/S 结构基本介绍
C/S 结构，即大家熟知的客户机和服务器结构。它是软件系统体系结构，通过它可以充分利用两端硬件的优势，将任务合理分配到 Client 端和 Server 端来实现，降低了系统的通讯开销。这种结构的核心是客户机应用程序仅仅发送服务请求，而一切操作由后台的服务器完成，结果再发回客户机应用程序。而且，服务器所进行的工作对客户机应用程序是完全速明的，这就是 c／s 的工作原理[3]。
C／s 结构是基于局域网(LAN)环境下的，具有较强的数据操纵和事务处理能力，对数据的安全性和完整性要求较高。它的不足之处有封闭性、开发成本高、兼容性差、维护和升级都比较困难。因此，在系统设计中，应该对其进行不断的改进。

图 7-11 论文第二章的部分内容

（1）选定需要设置格式的"第二章　关键技术及开发工具"，在"开始"选项卡的"样式"组中，单击"样式"按钮　，打开如图 7-10 所示的"样式"对话框，在"样式"列表中选择"一级标题"选项即可。

（2）使用上述方法，为全文设置所需格式。

6. 设定大纲级别

单击"视图"选项卡"文档视图"组中的"大纲视图"按钮，打开文档的大纲视图，如图 7-12 所示。此时，论文中各级标题前均出现带圈加号，通过缩进位置来区分级别。如果有标题未设置级别，可通过"大纲工具"组中的"←"或"→"按钮来设置。通过单击"关闭大纲视图"按钮返回页面视图。

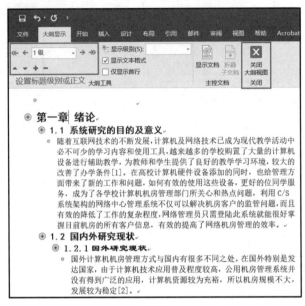

图 7-12　大纲视图下的文本

7. 使用文档结构图管理毕业论文

（1）单击"视图"选项卡，在"显示"组中勾选"导航窗格"复选框，打开文档结构图，如图 7-13 所示。图中左侧区域显示各级标题，级别越小缩进越大，右侧区域显示对应的正文。

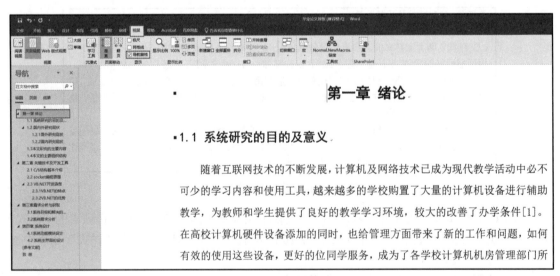

图 7-13　文档结构图

（2）在图 7-13 中单击左侧区域中的标题"第一章　绪论"，右侧正文迅速定位到文档中相应的位置。

提示：使用文档结构图编辑和管理毕业论文，可使文档具有像文件菜单一样能逐层展开的清晰结构，能使读者很快地了解文档的层次和内容，快速查找并切换到特定的内容。

　　注意：使用文档结构图的前提条件是事先已对全文进行了格式编排，各级标题和正文格式明显；否则，没有效果。

　　8. 参考文献交叉引用

　　（1）为参考文献添加编号。论文中的"参考文献"使用三号黑体，对应的具体内容用小四号宋体。参考文献采用顺序编码制，可以为各参考文献自动添加编号。选中所有参考文献，单击"开始"选项卡"段落"组中的"编号"右侧下三角按钮，弹出下拉菜单，如图 7-14 所示。选择其中的方括号编号形式，即可完成参考文献的自动编号。

　　（2）自定义新的编号格式。如果现有编号库中不存在期望的编号格式，可以通过自定义方式来创建。将光标定位到第一篇参考文献的句首位置，单击图 7-14 中的"定义新编号格式"按钮，弹出"定义新编号格式"对话框，如图 7-15 所示。将"编号样式"选为"1,2,3,..."，"编号格式"设置为"[1]"，此时新编号格式可在"预览"中查看，单击"确定"按钮后，新格式会自动添加到图 7-14 中的"编号库"和"文档编号格式"中。

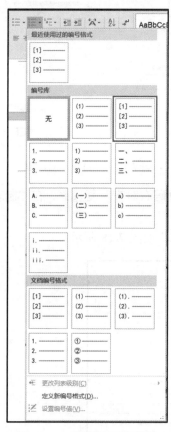

图 7-14　"编号"下拉菜单

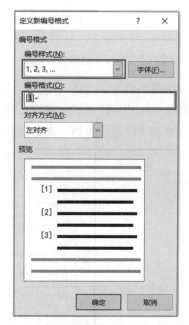

图 7-15　"定义新编号格式"对话框

　　（3）设置参考文献交叉引用。在正文中找到参考文献标号[1]（位于 1.1 节中的第一段第三行），将其选中，单击"引用"选项卡"题注"组中的"交叉引用"按钮，弹出"交叉引用"对话框，如图 7-16 所示。将"引用类型"设置为"编号项"，勾选"插入为超链接"复选框实现在正文中快速链接到相应的参考文献，在"引用哪一个编号项"中选中第一篇参考文献，单击"插入"按钮即完成了参考文献的交叉引用。按照此方式，将正文中引用参考文献的标号全部设置成交叉引用方式。

9. 制作毕业论文目录

（1）将光标定位在需要插入目录的页面中，通常是首页或末页，输入"目录"字样，将其格式设置为：黑体、二号、居中、段前及段后间距各为 1.5 行。

（2）在"引用"选项卡的"目录"组中，单击"目录"按钮，再单击"自定义目录"按钮，弹出如图 7-17 所示的"目录"对话框。

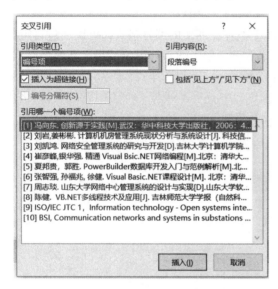

图 7-16　"交叉引用"对话框　　　　　图 7-17　"目录"对话框

（3）在图 7-17 的对话框中选中"显示页码"和"页码右对齐"复选框，在"制表符前导符"中选择"……"；将"显示级别"设置为"3"。

（4）单击"确定"按钮，光标定位处自动生成目录，如图 7-18 所示。

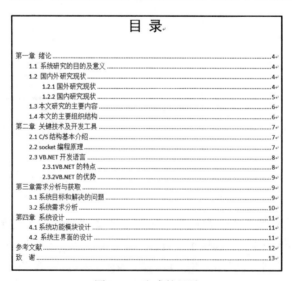

图 7-18　生成的目录

提示：目录可用来列出文档中各级标题在文档中相对应的页码。使用自动生成的目录，阅读查找内容时很方便。只要在按住 Ctrl 键的同时单击目录中的某一章节，就会直接跳转到该页。特别是当标题和文档增、删内容后，页码发生了变化，如果使用手工目录，修改页码就是一件很麻烦的事，而此时只需要在目录中右击，在弹出的快捷菜单中执行"更新域"命令，即可自动更新目录。

注意：自动生成目录的前提条件是事先已对全文进行了格式编排，各级标题和正文格式明显；否则，没有效果。

实验八　邀请函的制作

一、实验目的

通过对实际样例的处理，熟练掌握以下内容：

（1）添加背景图片。

（2）邮件合并功能。

（3）插入 SmartArt 图形。

（4）宏制作。

二、实验环境

Windows 10 中文版，Word 2019。

三、实验内容

（1）新建如图 8-1 所示的原始文档。

陕西师范大学 2022 届毕业生大型招聘会
邀请函

尊敬的：
　　您好！
　　经陕西省教育厅批准，结合毕业生就业工作的实际，我校将于 2021 年 10 月 17 日（星期日）上午 9 时，在校长安校区田径场举行"陕西师范大学 2022 届毕业生大型招聘会"，届时我校 7000 余名毕业研究生、本科毕业生将参会。热忱欢迎各地教育系统、企事业单位参会并选聘毕业生。
　　　　　　　　　　　　陕西师范大学毕业生就业指导服务中心
　　　　　　　　　　　　　　　　　　2021 年 9 月 20 日

图 8-1　原始文档

（2）对原始文档进行格式编辑，得到如图 8-2 所示的效果。

（a）邀请函

（b）参会流程

图 8-2 邀请函样式

四、实验步骤

1. 创建新文档

利用"开始"菜单启动 Word 2019，创建一个新文档，输入如图 8-1 所示的内容。

2. 设置文字格式

选定文字"陕西师范大学 2022 届毕业生大型招聘会"和"邀请函"，单击"开始"选项卡"段落"组中的"居中"按钮；再单击"开始"选项卡"字体"组中的"字体"按钮，弹出"字体"对话框，如图 8-3 所示，设置"中文字体"为"微软雅黑"，"字号"为"二号"，"字

图 8-3 "字体"对话框

图 8-4　设置"中文字体""字号"
"字体颜色"

体颜色"为"黑色"。再选中其他文字部分，在"字
体"组中通过单击按钮，设置"字体"为"宋体"，
"字号"为"四号"，"字体颜色"为"黑色"，如
图 8-4 所示。

3. 设置段落格式

选中正文，单击"开始"选项卡"段落"组
中的"段落"按钮，弹出"段落"对话框，选择"缩进和间距"选项卡，设置"间距"中的"行
距"为"多倍行距"，"设置值"为"1.2"，在"段前"和"段后"微调框中均设置为"0 行"，
如图 8-5 所示。

4. 调整文档版面

单击"布局"选项卡"页面设置"组中的"纸张大小"下拉按钮，在弹出的下拉列表中执
行下方的"其他纸张大小"命令，如图 8-6 所示，打开"页面设置"对话框，在"纸张"选项

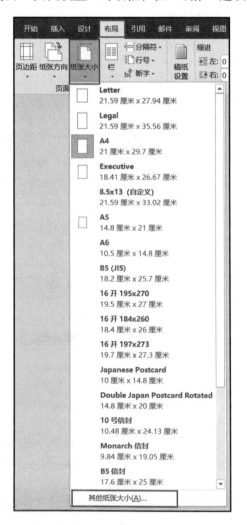

图 8-5　"段落"对话框　　　　　　　　图 8-6　设置"纸张大小"

卡中设置"宽度"为"27厘米","高度"为"16厘米",如图8-7所示。再单击"页面设置"对话框中的"页边距"选项卡,设置左、右页边距为"3.17厘米",上、下页边距为"2.54厘米",设置完毕后,单击"确定"按钮即可。

5. 插入背景图片

单击"页面布局"选项卡"页面背景"组中的"页面颜色"下拉按钮,在弹出的下拉菜单中执行"填充效果"命令,弹出"填充效果"对话框,切换至"图片"选项卡,如图8-8所示。单击"选择图片"按钮,在弹出的"插入图片"对话框中,选择"F:\练习\word"下的文件"背景图.jpg",单击"确定"按钮,即可完成背景图片的插入。

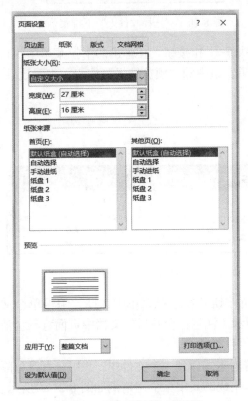

图 8-7　"页面设置"对话框

图 8-8　"填充效果"对话框

6. 邮件合并

(1)将光标放在"尊敬的"之后,单击"邮件"选项卡"开始邮件合并"组中的"开始邮件合并"下拉按钮,在弹出的下拉菜单中执行"信函"命令,如图8-9所示。

(2)单击"选择收件人"下拉按钮,在弹出的下拉菜单中执行"使用现有列表"命令,如图8-10所示,在弹出的"选择数据源"对话框中选择"F:\练习\word"文件夹中的"通讯录.xlsx"文件并打开。

图 8-9　　"开始邮件合并"下拉菜单

图 8-10　　"选择收件人"下拉菜单

（3）单击"编写和插入域"组中的"插入合并域"下拉按钮，在弹出的下拉菜单中执行"单位名称"命令，如图 8-11 所示。单击"预览结果"组中的"预览结果"按钮，查看效果，如图 8-12 所示。

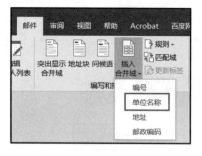

图 8-11　　"插入合并域"下拉菜单

图 8-12　　"预览结果"按钮

（4）单击"完成"组中的"完成并合并"下拉按钮，在下拉菜单中选择"编辑单个文档"选项，如图 8-13 所示（注意：合并后的文档中页面背景会消失，重新添加页面背景图片即可）。

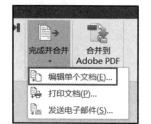

图 8-13　　"完成并合并"
下拉菜单

Word 将需要编辑的副本编译到一个文件中，并用分页符分隔每个文档副本，以上操作生成的其中一个邀请函如图 8-2（a）所示。

7. 用 SmartArt 图制作参会流程

（1）单击"插入"选项卡"插图"组中的 SmartArt 按钮，弹出"选择 SmartArt 图形"对话框，如图 8-14 所示，单击左侧的"流程"类别，再单击选择"基本流程"图形，最后单击"确定"按钮，一个 SmartArt 流程图将出现在页面上，如图 8-15 所示。

（2）输入相应的流程名称：将光标放在图 8-15 左侧的"在此处键入文字"对话框的第一行，输入"注册"；依次在第二行和第三行分别输入"提交营业执照"和"审核"，接着按回车键，此时"在此处键入文字"对话框中增加新的一行，并在 SmartArt 图形框中增加一个新的形状，在新的一行上输入"发布招聘信息"，重复上述操作，在新添加的行中，分别输入"开招聘会"和"面试"。

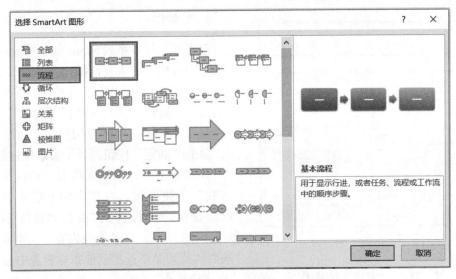

图 8-14 "选择 SmartArt 图形"对话框

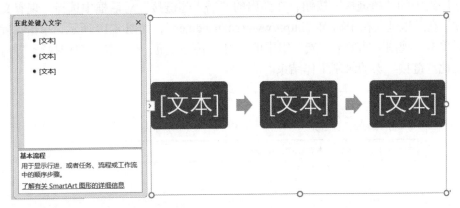

图 8-15 新生成的 SmartArt 图形

（3）在"提交营业执照"所处的文本框上右击，在弹出的快捷菜单中选择"设置形状格式"选项，在弹出的"设置形状格式"对话框中，选择"纯色填充"单选按钮，填充颜色为"浅绿"，如图 8-16 所示。按照同样的方法，依次将"发布招聘信息"和"面试"文本框的背景也设置为"浅绿"填充，其他文本框的背景设为"浅蓝"。

（4）在该页上端加上"参会流程"标题，字体设置为黑体、加粗、小初，段落设置为"居中"。SmartArt 图形中的所有字体设置为宋体、常规、四号。

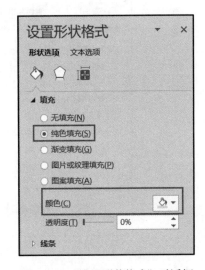

图 8-16 "设置形状格式"对话框

提示：如果 SmartArt 图形框的左边没有"文本窗格"，可以单击 SmartArt 图形左边框上的扩展按钮 ，或者将光标放置在 SmartArt 图形的边框上，右击，在弹出的快捷菜单中选择"显示文本窗格"选项。

图 8-17　"录制宏"对话框

8. 宏制作

宏实际上是一系列 Word 命令的组合，主要用来处理有规律的重复性操作。单击"视图"选项卡"宏"组中的"宏"下拉按钮，在下拉菜单中执行"录制宏"命令，弹出"录制宏"对话框，在"宏名"框中输入宏名"链接"，如图 8-17 所示，单击"确定"按钮，开始宏录制过程。

首先单击"开始"选项卡"编辑"组中的"查找"下拉按钮，在弹出的下拉菜单中选择"高级查找"选项，弹出"查找和替换"对话框，如图 8-18 所示。在"查找内容"文本框中输入"陕西师范大学毕业生就业指导服务中心"，单击"查找下一处"按钮，完成上述操作后，关闭"查找和替换"对话框。然后单击"插入"选项卡"链接"组中的"超链接"按钮，在弹出的"插入超链接"对话框中选择"现有文件或网页"选项，在"地址"栏中输入"http://www.snnu.edu.cn"，如图 8-19 所示，单击"确定"按钮。最后单击"视图"选项卡"宏"组中的"宏"下拉按钮，在下拉菜单中执行"停止录制"命令，至此"链接"宏的录制工作结束。

图 8-18　"查找和替换"对话框

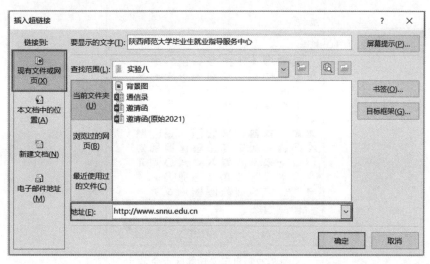

图 8-19 "插入超链接"对话框

9. 制作自定义快捷按钮

（1）在功能区的空白处右击，在弹出的快捷菜单中选择"自定义功能区"选项，如图 8-20 所示。接着弹出"Word 选项"对话框，如图 8-21 所示，从中选择"自定义功能区"为"主选项卡"，同时勾选"主选项卡"中的"视

图 8-20 "自定义功能区"选项

图"复选框，单击"新建组"按钮，将在"视图"选项卡中生成一个新选项组，再单击"重命名"按钮，弹出"重命名"对话框，设置新选项组的图标和名称，并单击"确定"按钮，如图 8-22 所示。

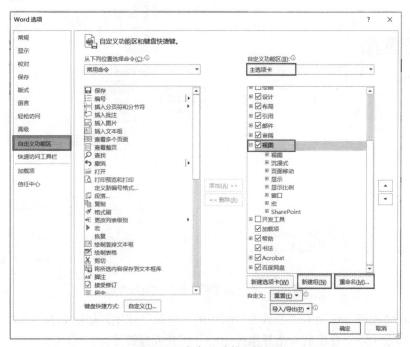

图 8-21 自定义功能区设置

图 8-22　自定义功能区重命名

（2）从图 8-21 中选择"自定义功能区"选项，在"从下列位置选择命令"下拉列表中选择"宏"，并选择上一步新建的宏，单击"添加"按钮，将新建的宏加入到新建的"工具宏"组中，如图 8-23 所示。此处可通过单击"文件"选项卡，在弹出的下拉菜单中选择"选项"按钮的方式打开"word 选项"对话框。

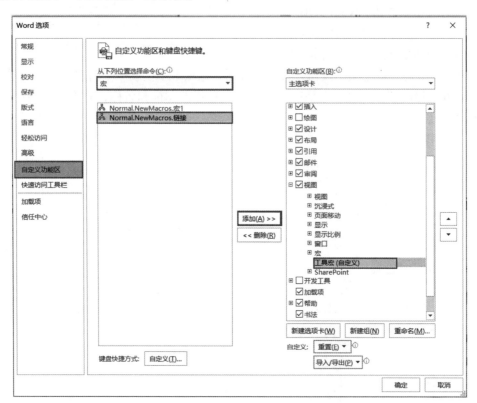

图 8-23　向工具宏组中增加"链接"宏

（3）单击"视图"选项卡"工具宏"组中的"链接"按钮，如图 8-24 所示，邀请函中的文字"陕西师范大学毕业生就业指导服务中心"将变成超链接。

图 8-24 "视图"选项卡"工具宏"组中的"链接"按钮

10. 保存文件

所有操作完成后,将文件保存在"F:\练习\word"文件夹中,文件名为"招聘会邀请函.docx"。

实验九　宣传海报的制作

一、实验目的

通过对实际用例的操作，熟练掌握以下内容：

（1）调整海报文档版面。

（2）设置海报内容的文字格式。

（3）在 Word 文件中插入 Excel 文件中的信息，要求当 Excel 文件的信息变化时，Word 中的内容也随之变化。

（4）用 SmartArt 图形制作一个活动流程。

二、实验环境

Windows 10 中文版，Word 2019。

三、实验内容

为了进一步引导我校学生正确认识就业形势、增强职业生涯规划意识、掌握职业规划方法、树立正确的成才观和就业观，从而合理安排大学学习生活，主动提升就业竞争力，毕业生就业指导服务中心会同文理科基础部面对低年级本科生开展大学生职业生涯规划系列讲座。

请根据上述活动的描述，参考图 9-1 所示的原始素材，对文档进行格式编辑，制作一份如图 9-2 所示的宣传海报。

"博雅讲坛"系列讲座

报告题目：大学生职业生涯规划系列讲座

主讲人：国家高级职业指导师　罗晓婷

报告日期：2021 年 12 月 1 日~2021 年 12 月 4 日

报告时间：19:00-21:00

报告地点：校雁塔校区崇鋆楼

主办单位：学生就业指导服务中心

欢迎大家踊跃参加！

"博雅讲坛"大学生职业生涯规划系列讲座之活动细则

日程安排：

报名流程：

主讲人简介：

罗晓婷，女，国家高级职业指导师。陕西省大学生职业发展与就业指导课程优秀就业指导教师。多次担任省内兄弟院校职业生涯规划大赛评委。主编《大学生就业与创业案例分析》《大学生职业指导实训教程》《大学生创业指导》，参编《大学生职业发展与就业指导》等。发表职业生涯规划与就业指导相关论文 27 篇。

图 9-1　原始素材

（a）通知

（b）活动细则

图 9-2 宣传海报参考样式

（1）调整文档版面，要求页面宽度 21 厘米，高度 30 厘米，页面页边距（上、下）为 5 厘米，页边距（左、右）为 3.08 厘米，并将图片"Word-海报背景图片.jpg"设置为海报背景。

（2）根据"宣传海报参考样式"，调整海报内容文字的字体、字号和颜色。

（3）根据页面布局需要，调整海报内容中"报告题目""主讲人""报告日期""报告时间""报告地点"对应的段落间距。

（4）在"'博雅讲坛'大学生职业生涯规划系列讲座之活动细则"位置的前面另起一页，并设置第 2 页的页面纸张大小为 A4 篇幅，纸张方向设置为"横向"，页边距为"普通"页边距定义。

（5）在新页面的"日程安排"段落下面，复制本次活动的日程安排表，在"F:\练习\word\活动日程安排.xlsx"文件中，要求表格内容引用 Excel 文件中的内容，若 Excel 文件中的内容发生变化，Word 文档中的日程安排信息随之发生变化。

（6）在新页面的"报名流程"段落下面，利用 SmartArt，制作本次活动的报名流程（基础部报名→确认座位→领取资料→领取门票）。

（7）设置"主讲人简介"段落下面的文字排版布局为图 9-2（b）所示的参考样式。

（8）在文中"主讲人简介"位置处插入图片，并调整到适当位置，不要遮挡文字内容。

（9）保存本次活动的宣传海报设计为"宣传海报.docx"。

四、实验步骤

1. 创建文档

启动 Word 2019，新建一个空白文档，输入如图 9-1 所示的内容，并保存在"F:\练习\word"中，文件名为"宣传海报.docx"。

2. 调整文档版面

单击"布局"选项卡"页面设置"组中的"页面设置"按钮，打开"页面设置"对话框，如图 9-3 所示，选择"纸张"选项卡，在"宽度"和"高度"微调框中分别设置"21 厘米"和"30 厘米"，设置好后单击"确定"按钮。

按照上述同样的方法打开"页面设置"对话框，选择其中的"页边距"选项卡，根据题目要求将"页边距"中的"上"和"下"框都设置为"5 厘米"，将"左"和"右"框都设置为"3.08 厘米"，纸张方向选择"纵向"，如图 9-4 所示，最后单击"确定"按钮。

3. 设置背景图片

单击"设计"选项卡"页面背景"组中的"页面颜色"按钮，在弹出的下拉菜单中执行"填充效果"命令，弹出"填充效果"对话框，切换至"图片"选项卡，如图 9-5 所示，单击"选择图片"按钮，打开"插入图片"对话框，从中选择"Word-海报背景图片.jpg"，设置完毕后单击"确定"按钮。

4. 设置字体格式

根据图 9-2 的宣传海报参考样式，选中标题"'博雅讲坛'系列讲座"，单击"开始"选项

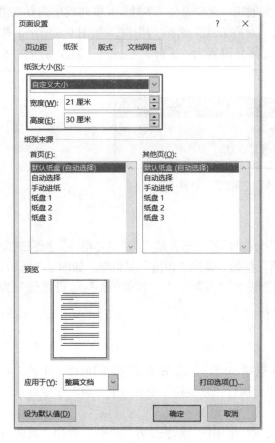

图 9-3 "页面设置"对话框（一）   图 9-4 "页面设置"对话框（二）

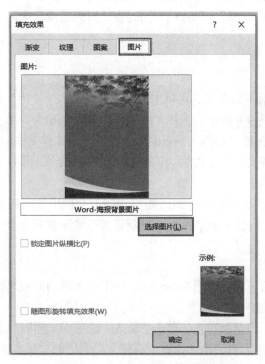

图 9-5 "填充效果"对话框

卡"字体"组中的"字体"下拉按钮，选择"华文琥珀"选项，在"字号"下拉列表中选择"初号"，在"字体颜色"下拉列表中选择"红色"，"对齐方式"选择"居中"，如图 9-6 所示。按照同样的方法设置正文部分的字体，这里把正文部分设置为"宋体""二号""深蓝"。把"欢迎踊跃参加"设置为"华文行楷""48 号""红色"。

图 9-6　设置"字体""字号""颜色""对齐方式"

5. 设置段落格式

选中"报告题目""主讲人""报告日期""报告时间""报告地点""主办单位"所在的段落，单击"开始"选项卡"段落"组中的"段落"按钮，弹出"段落"对话框，如图 9-7 所示。选择"缩进和间距"选项卡，在"间距"组中，设置"行距"为"多倍行距"，"设置值"为"4"，在"段前"和"段后"微调框中设置"0 行"。

6. 设置第二页海报页面格式

将光标置于"'博雅讲坛'大学生职业生涯规划系列讲座之活动细则"的前面，单击"布局"选项卡"页面设置"组中的"分隔符"按钮，执行"分节符"中的"下一页"命令即可另起一页。

选择第二页，单击"布局"选项卡"页面设置"组中的"纸张大小"按钮，弹出"页面设置"对话框，切换至"纸张"选项卡，选择"纸张大小"为"A4"，再切换至"页边距"选项卡，选择"纸张方向"中的"横向"选项，同时在"页码范围"中的"多页"下拉列表中选择"普通"，如图 9-8 所示。

7. 插入 Excel 文件

在"日程安排"段落下面单击，再单击"插入"选项卡"文本"组中的"对象"按钮，弹出"对象"对话框，如图 9-9 所示，选择"由文件创建"选项卡，单击"浏览"按钮，在弹出的"浏览"对话框中，选择"F:\练习\word\"中的"活动日程安排.xlsx"文件，返回"对象"对话框，再勾选"链接到文件"复选框，单击"确定"按钮，关闭对话框，则日程安排的 Excel 表格将出现在 Word 文档中。

当 Excel 文件中的内容更新后，如果需要 Word 文档中的内容也一起更新，只需右击该 Excel 工作表，在弹出的快捷菜单中执行"更新链接"命令即可，如图 9-10 所示。

8. 插入 SmartArt 图形

在"报名流程"段落下面，利用 SmartArt，制作本次活动的报名流程：基础部报名→确认座位→领取资料→领取门票。

（1）在"报名流程"段落下单击，单击"插入"选项卡"插图"组中的"SmartArt"按钮，弹出"选择 SmartArt 图形"对话框，选择"流程"类别中的"基本流程"选项，单击"确定"按钮，即可添加相应图形，如图 9-11 所示。

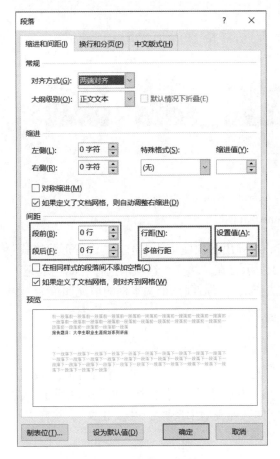

图 9-7 "段落"对话框

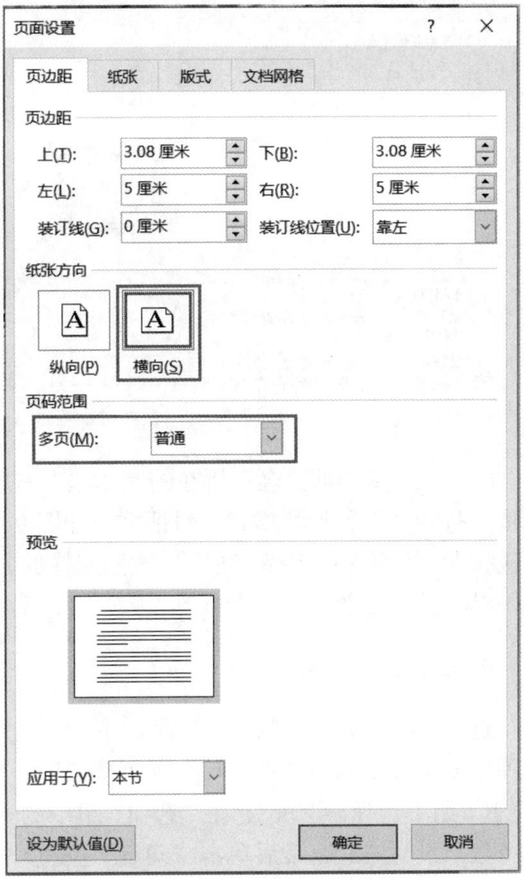

图 9-8 "页面设置"对话框（三）

图 9-9 "对象"对话框

图 9-10 执行"更新链接"命令

（2）在生成图形的"文本"字样中单击，输入"基础部报名""确认座位""领取资料""领取门票"等流程名称。

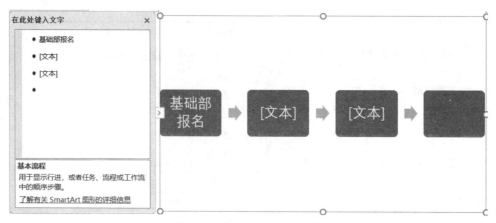

图 9-11　插入 SmartArt 图形

（3）在"基础部报名"所在的文本框上右击，在弹出的快捷菜单中选择"设置形状格式"选项，打开"设置形状格式"对话框，如图 9-12 所示，在"填充"选项卡选择"纯色填充"单选按钮，填充颜色选择"红色"。按照同样的方法依次设置后面三个文本框的填充颜色为"浅绿""紫色""浅蓝"。

9. 设置首字下沉

选中"罗晓婷"中的"罗"字，单击"插入"选项卡"文本"组中的"首字下沉"按钮，在弹出的下拉菜单中选择"首字下沉"选项，弹出"首字下沉"对话框，如图 9-13 所示。在"位置"组中选择"下沉"，在"选项"组中的"字体"列表框中选择"+中文正文"，并将"下沉行数"设为"3"，最后单击"确定"按钮。

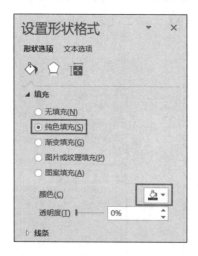

图 9-12　"设置形状格式"对话框

图 9-13　"首字下沉"对话框

10. 插入并设置图片格式

将插入点放在文字"罗晓婷"前，单击"插入"选项卡"插图"组中的"图片"按钮，在弹出的"插入图片"对话框中，选择"F:\练习\word"中的图片"Pic.jpg"，如图 9-14 所示，单击"插入"按钮，将图片插入"罗晓婷"前，并将其大小及位置调整至合适。

图 9-14 "插入图片"对话框

11. 保存文件

单击"保存"按钮，再次将本次的宣传海报设计保存在"宣传海报.docx"文件中。

实验十 Excel 电子表格的编辑与格式化

一、实验目的

通过对实际样例的处理，熟练掌握以下内容：

（1）工作簿的建立、保存、打开和关闭等操作。

（2）工作表的插入、删除、移动和重命名等基本操作。

（3）Excel 中数据的输入和自动填充功能。

（4）工作表的格式化操作。

（5）单元格地址引用的概念、公式的复制及移动等操作。

二、实验环境

Windows 10 中文版，Excel 2019。

三、实验内容

利用 Excel 电子表格处理软件完成一张个人收支表的制作，并对输入的数据进行一些格式设置和数据处理，制作完成的效果如图 10-1 所示。

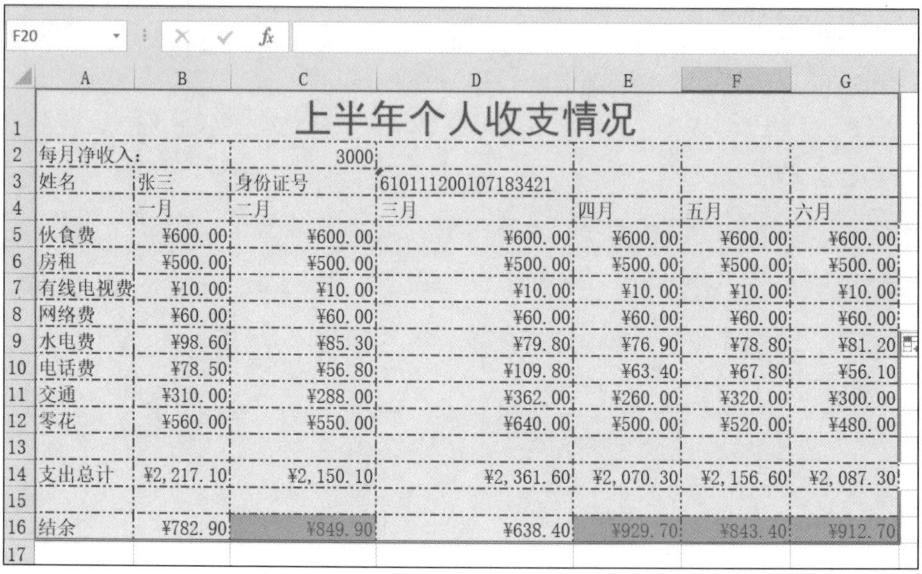

	A	B	C	D	E	F	G
1		上半年个人收支情况					
2	每月净收入：		3000				
3	姓名	张三	身份证号	610111200107183421			
4		一月	二月	三月	四月	五月	六月
5	伙食费	¥600.00	¥600.00	¥600.00	¥600.00	¥600.00	¥600.00
6	房租	¥500.00	¥500.00	¥500.00	¥500.00	¥500.00	¥500.00
7	有线电视费	¥10.00	¥10.00	¥10.00	¥10.00	¥10.00	¥10.00
8	网络费	¥60.00	¥60.00	¥60.00	¥60.00	¥60.00	¥60.00
9	水电费	¥98.60	¥85.30	¥79.80	¥76.90	¥78.80	¥81.20
10	电话费	¥78.50	¥56.80	¥109.80	¥63.40	¥67.80	¥56.10
11	交通	¥310.00	¥288.00	¥362.00	¥260.00	¥320.00	¥300.00
12	零花	¥560.00	¥550.00	¥640.00	¥500.00	¥520.00	¥480.00
13							
14	支出总计	¥2,217.10	¥2,150.10	¥2,361.60	¥2,070.30	¥2,156.60	¥2,087.30
15							
16	结余	¥782.90	¥849.90	¥638.40	¥929.70	¥843.40	¥912.70
17							

图 10-1 编辑后电子表格的效果

四、实验步骤

1. 新建工作簿

首先启动 Excel 2019，程序启动后会自动创建一张包含三个工作表的工作簿。双击第一个工作表的名称标签 Sheet1，原来默认的工作表名会成为反白状态，输入新的工作表名"收支表"，按回车键即可实现工作表的重命名操作。分别选中其他两个工作表标签并右击，在弹出的快捷菜单中选择"删除"选项，即可删除多余的工作表。

执行"文件"→"保存"命令，或单击"快速访问工具栏"中的"保存"按钮，在弹出的对话框中输入文件名为"个人收支表.xlsx"，保存位置为"F:\练习\excel"。

> 提示：工作簿、工作表和单元格是 Excel 2019 中三个最基本也是最重要的概念。
>
> （1）Excel 文件一般称为 Excel 工作簿，其扩展名为 xlsx。一个工作簿最少含有一张工作表，最多含有 255 张工作表。新建的工作簿默认有 3 张工作表，即 Sheet1、Sheet2 和 Sheet3，在实际使用时可以根据需要进行增加、重命名和删除等操作。
>
> （2）Excel 工作表是一张由行和列组成的二维表。一张工作表共有 1048576 行和 16384 列。当前工作表（活动工作表）在工作表标签处显示白色，其余工作表显示灰色。
>
> （3）单元格是工作表的最小单位，是由行和列交叉形成的矩形单元。一张工作表共有 1048576×16384 个单元格。单元格地址命名由列号和行号组成（类似于平面上任意一点的 X、Y 坐标），如单元格地址 A1，表示当前工作表第 A 列第 1 行交叉处的单元格。当前单元格又叫活动单元格，指当前正在操作的单元格，由黑色线框住，并在名称框中显示当前单元格的地址。

2. 数据录入

（1）输入如图 10-2 所示的内容：单击选中要录入数据的单元格，输入数据，最后确定输入。

	A	B	C	D	E	F	G
1	上半年个人收支情况						
2	每月净收入：		3000				
3	姓名	张三	身份证号	610111200107183421			
4		一月	二月	三月	四月	五月	六月
5	伙食费	¥600.00					
6	房租	¥500.00					
7	有线电视费	¥10.00					
8	网络费	¥60.00					
9	水电费	¥98.60	¥85.30	¥79.80	¥76.90	¥78.80	¥81.20
10	电话费	¥78.50	¥56.80	¥109.80	¥63.40	¥67.80	¥56.10
11	交通	¥310.00	¥288.00	¥362.00	¥260.00	¥320.00	¥300.00
12	零花	¥560.00	¥550.00	¥640.00	¥500.00	¥520.00	¥480.00
13							

图 10-2 原始数据

确定输入可以有 4 种方法：① 按回车键；② 单击编辑栏中的"√"按钮；③ 按方向键"↑、↓、←、→"；④ 单击其他单元格。

取消输入有两种方法：按 Esc 键或单击编辑栏中的"×"按钮。

（2）使用数据填充功能快速输入数据：将鼠标指向"一月"所在的 B4 单元格的右下角填充柄处，鼠标形状由空心加号变为黑色实心加号，按住鼠标左键并拖动鼠标至月份结束的单元格 G4，释放鼠标，Excel 便会自动输入"二月""三月""四月"等。

用相同的方法填充二月至六月的固定支出："伙食费""房租""有线电视费""网络费"。

> 注意：①当填充的初始单元格的内容为纯字符、纯数字（数值型）或公式时，数据填充相当于数据复制。

②当填充的初始单元格的内容为 Excel 预设的自动填充序列中的一员时，按预设的序列填充，如"一月、二月、……""日、一、二、三、……"等。自定义序列可在"文件"→"选项"→"高级"→"常规"下，单击"编辑自定义列表"按钮，见图 10-3，在"自定义序列"对话框中添加。如果希望达到复制的效果，则按住 Ctrl 键进行填充即可。

图 10-3 "Excel 选项"对话框

（3）身份证号码的输入：数字长度大于 15 时，后面的数字都会显示为 0，为了避免这种情况，可以先输入单引号""'"，然后再输入身份证号码；也可以将单元格的格式设置成"文本"，此时数字就以文本格式输入，然后再将单元格的格式设置成"数值"。

3. 计算

支出总计和结余都可以使用公式计算。先计算一月的支出和结余，其他月份可以采用填充方式完成，具体操作步骤如下。

（1）计算一月份的支出：选择要存放结果的单元格 B14，将输入法切换至英文状态，在单元格内输入公式内容"=B5+B6+B7+B8+B9+B10+B11+B12"，输入完毕后，按回车键或单击"输入"按钮。

提示：输入公式时，应注意以下事项。
① 必须以"="开头；
② 公式中的函数名称、单元格引用大小写等价；
③ 各种运算符必须通过键盘进行输入；
④ 标点符号必须为英文的半角状态。

（2）计算一月份的结余：选择要建立公式的单元格 B16，在单元格内输入公式内容"=$C2–B14"（注意 C2 单元格需要使用混合引用地址），输入完毕后，按回车键。Excel 2019 会自动进行计算，运算结果会显示在单元格中，运算公式则显示在编辑栏上。

（3）使用填充柄，完成其他月份支出总计和结余的计算。

> 提示：所谓相对引用地址，是指在公式移动或复制时，该地址相对目的单元格发生变化，相对引用地址由列名行号表示，如 A1。
>
> 所谓绝对引用地址，是指在公式移动或复制时，无论目的如何发生变化，绝对引用地址不发生变化；绝对引用地址的表示方法是在相对地址的列名和行号前分别加上一个"$"，如"$A$1"。
>
> 混合引用时的地址一部分是绝对引用地址，一部分是相对引用地址，如 $A1。如果符号"$"在列名之前，则表明列号是绝对的、不变的，而行号则随目的位置的变化做相应的变化，即列号不变、行号改变。反之，如果符号"$"在行号前，则表明该行号是绝对的、不变的，列号将随目的位置的变化而相对变化，即行号不变、列号变。

4. 格式化电子表格

（1）标题居中：单击 A1 单元格，按住 Shift 键，再单击 G1 单元格，选中 A1 到 G1 的单元格。在"开始"选项卡的"对齐方式"组中，单击"合并后居中"按钮 ；或者在"开始"选项卡的"对齐方式"组中，单击右下角的"设置单元格格式：对齐方式"按钮 ，系统将弹出如图 10-4 所示的"设置单元格格式"对话框。在"对齐"选项卡中选中"合并单元格"复选框，设置"水平对齐"和"垂直对齐"方式均为"居中"。

（2）合并单元格：用类似的方法可以合并单元格，拖动鼠标选中 A2 和 B2 单元格，在"开始"选项卡的"对齐方式"组中，单击"合并后居中"按钮右侧的下三角按钮，在弹出的下拉菜单中选择"合并单元格"选项，如图 10-5 所示。

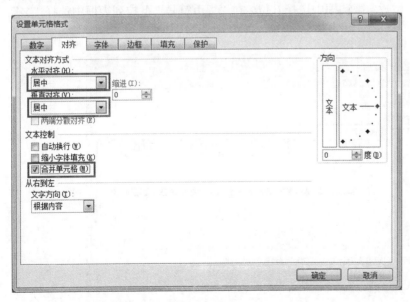

图 10-4 "设置单元格格式"对话框（一）

图 10-5 选择"合并单元格"选项

（3）设置字体格式：选中标题"上半年个人收支情况"，单击"开始"选项卡"字体"组中右下角的"设置单元格格式：字体"按钮 ，弹出如图 10-6 所示的"设置单元格格式"对话框。在"字体"选项卡中设置字体为黑体、红色、24 号字体。

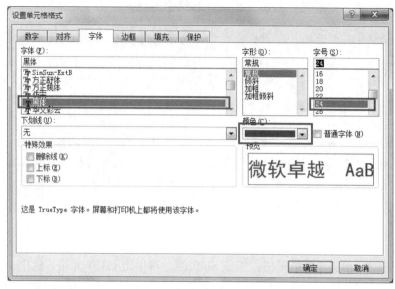

图 10-6　"设置单元格格式"对话框（二）

（4）添加货币符号：单击 B5 单元格，按住 Shift 键，再单击 G12 单元格，松开 Shift 键（选中连续区域 B5:G12），按住 Ctrl 键不放，选中连续区域 B14:G14，选中连续区域 B16:G16，松开 Ctrl 键。此时，三个不连续的区域处于同时选中状态。

在"开始"选项卡的"单元格"组中，单击"数字"按钮右侧的"设置单元格格式：数字"按钮 ，弹出如图 10-7 所示的"设置单元格格式"对话框。在"数字"选项卡中选择"分类"为"货币"，在"小数位数"微调框中选择 0 位，在"货币符号"下拉列表框中选择"￥"，最后单击"确定"按钮。

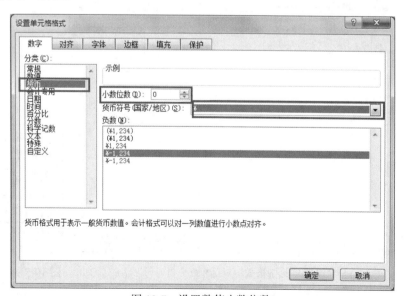

图 10-7　设置数值小数位数

（5）添加边框和底纹：选中区域 A1:G16，在选中区域中右击，在弹出的快捷菜单中执行"设置单元格格式"命令，弹出"设置单元格格式"对话框，选择"边框"选项卡，如图 10-8 所示，分别设置外框线为红色双线和内框线为蓝色虚线。在"填充"选项卡中设置表格底纹为茶色背景 2。此处操作与 Word 中为表格设置自定义边框操作相同，不再赘述。

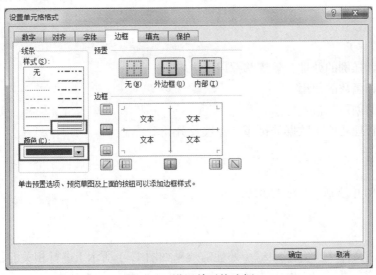

图 10-8 设置单元格边框

（6）设置条件格式：选中区域 B16:G16，在"开始"选项卡的"样式"组中，单击"条件格式"按钮下方的下三角按钮，在弹出的下拉菜单中选择"新建规则"选项，系统将弹出图 10-9 所示的"新建格式规则"对话框。在"选择规则类型"中选择"只为包含以下内容的单元格设置格式"，在"编辑规则说明"中，输入单元格值：大于或等于 800，再单击"格式"按钮，弹出"设置单元格格式"对话框，设置字体颜色为红色，填充色为浅绿色。这样，每月结余超过 800 元的，将以指定的格式显示。

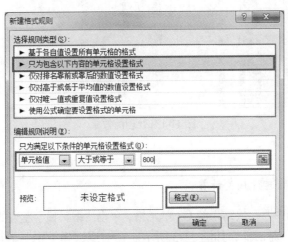

图 10-9 "新建格式规则"对话框

实验十一 Excel 电子表格的数据管理功能

一、实验目的

通过对实际样例的处理，熟练掌握以下内容：

（1）公式和函数的使用。

（2）图表的创建与格式化。

（3）数据管理功能（数据的排序、筛选及分类汇总）。

二、实验环境

Windows 10 中文版，Excel 2019。

三、实验内容

将电子表格文件"成绩表.xlsx"（处理前效果如图 11-1 所示）进行相关的数据处理，如排序、分类汇总等，再以"学生成绩表.xlsx"保存在原位置，效果如图 11-2 所示。

	A	B	C	D	E	F	G	H	I
1	学生成绩表								
2	专业	姓名	性别	高数	英语	计算机	总分	平均分	总评
3	物理	周羽	男	86	74	92			
4	化学	蔡虹莹	女	83	83	81			
5	数学	汪迎华	男	94	70	72			
6	生物	刘新宇	女	81	85	82			
7	物理	王文静	女	87	73	89			
8	地理	肖佳为	男	82	81	93			
9	化学	赵云峰	男	75	68	75			
10	数学	向红	女	72	69	65			
11	地理	李静瑶	女	85	90	85			
12	生物	郑小林	男	92	80	73			
13	物理	陈晓燕	女	80	88	87			
14	数学	吴文波	男	68	63	80			
15	生物	王颖	女	89	79	90			
16	地理	张家明	男	78	67	65			
17	化学	肖玲	女	73	85	84			
18	物理	王燕岭	男	82	92	71			
19	数学	龚明薇	女	95	72	86			
20	生物	张小磊	男	88	82	70			
21	化学	曹立强	男	75	63	69			
22	地理	黄雪洁	女	78	81	79			

图 11-1　处理前效果

四、实验步骤

1. 使用公式和函数进行相关计算

（1）计算总分：选中要存放结果的 G3 单元格，单击"编辑栏"左边的"插入函数"按钮 f_x，屏幕显示"插入函数"对话框，如图 11-3 所示。在"或选择类别"下拉列表中选择"常用函数"选项，在"选择函数"列表框中选择"SUM"，单击"确定"按钮，弹出"函数参数"对话框，如图 11-4 所示。在 Number1 框中输入 D3:F3，单击"确定"按钮，返回工作表窗口。或者可以使用公式计算总分，单击 G3 单元格，输入公式"=D3+E3+F3"，按回车键。

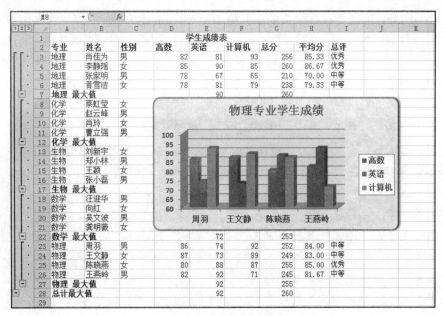

图 11-2 处理后的效果

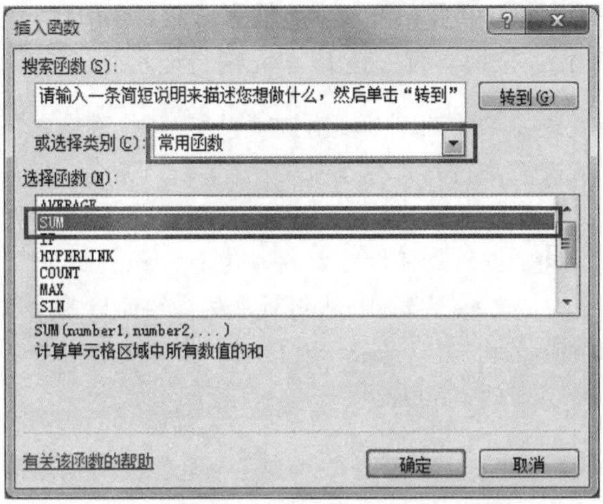

图 11-3 "插入函数"对话框

图 11-4 "函数参数"对话框

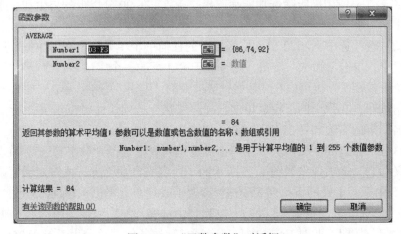

（2）求平均分：选择要存放结果的单元格 H3，使用前述方法，打开"插入函数"对话框，选择"常用函数"中的"AVERAGE"，单击"确定"按钮后，在随后弹出的"函数参数"对话框的 Number1 框中输入 D3:F3，单击"确定"按钮，返回工作表窗口。同样也可以使用公式计算平均分，单击 H3 单元格，输入公式"=(D3+E3+F3)/3"，按回车键，在 H3 单元格显示同样的平均分结果。

（3）使用填充柄，完成其他学生的总分及平均分的计算。

> 提示：求和函数（SUM）、求平均值函数（AVERAGE）、求最大值函数（MAX）、求最小值函数（MIN）、计数函数（COUNT）这 5 个常用函数的通用格式为=函数名（地址范围）。通用格式中的"地址范围"是指计算中所涉及的数据的单元格地址。其中，连续的地址范围用冒号"："连接起始地址和结束地址；不连续的地址则用逗号"，"连接两个以上的地址。
>
> 求和函数用于求多个单元格数值的和，如求总分、总价等。求平均值函数用于求多个单元格数值的平均值，如求平均分、平均价格等。求最大值和最小值函数用于求出多个单元格数值中的最大值或最小值，如求最高分或最低分、最高价格或最低价格等。计数函数用于计算包含数字单元格的个数以及参数列表中数字的个数。

（4）求总评成绩。评价依据：平均分大于等于 85 分，总评为优秀，平均分为 70～84，总评为中等，60～69 总评为合格。单击 I3 单元格，输入函数：=IF(H3>=85,"优秀",IF(H3>=70,"中等",IF(H3>=60,"合格",""))))，按回车键，在 I3 单元格将显示总评结果。

> 注意：①所有的公式或函数中用到的符号都是半角状态的英文符号，若输入的是中文符号，系统将无法识别，从而无法得到正确结果。
> ② IF 函数的格式：=IF（条件判断表达式,条件判断真时值,条件判断假时值）。格式中"条件判断表达式"（logical_test）指的是任何可以判断为真（true）或假（false）的表达式。"条件判断真时值"（value_if_true）指的是当"条件判断表达式"的结果为真时所返回的值，如果忽略，则返回 true。"条件判断假时值"（value_if_false）指的是当"条件判断表达式"结果为假时所返回的值，如果忽略，则返回 false。

2. 使用数据筛选功能

使用自动筛选功能筛选出所有"总分"大于等于 255 分或小于 240 分的学生，将其复制到 Sheet2 工作表中；使用高级筛选功能筛选出"高数"在 90 分以上的男生和"计算机"在 90 分以上的女生。

（1）自动筛选：选中 A2:I22 单元格区域中的任何一个单元格，在"数据"选项卡的"排序和筛选"组中，单击"筛选"按钮，此时位于第 2 行的每个字段名"专业""姓名"等的右边均出现一个下拉箭头。也可以在"开始"选项卡的"编辑"组中，单击"排序和筛选"按钮下方的下三角按钮，在弹出的下拉菜单中选择"筛选"选项，此时位于第 2 行的每个字段名"专业""姓名"等的右边同样会出现一个下拉箭头。

单击"总分"旁边的下拉箭头，在筛选器选择列表中选择"数字筛选"，在其子菜单中，选择"自定义筛选"选项弹出如图 11-5 所示的"自定义自动筛选方式"对话框。

在图 11-5 中标示①处的下拉列表中选择"大于或等于"，在图中标示②处输入"255"，选择中间的"或"单选按钮，在标示③处的下拉列表中选择"小于"，在图中标示④处输入"240"，最后单击"确定"按钮。此时 Excel 中只显示满足筛选条件"总分大于等于 255 或小于 240"

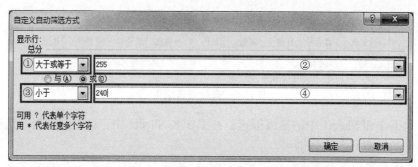

图 11-5 "自定义自动筛选方式"对话框

的学生成绩，不满足条件的数据暂时被隐藏。结果如图 11-6 所示。

	A	B	C	D	E	F	G	H	I
1					学生成绩表				
2	专业	姓名	性别	高数	英语	计算机	总分	平均分	总评
5	数学	汪迎华	男	94	70	72	236	78.67	中等
8	地理	肖佳为	男	82	81	93	256	85.33	优秀
9	化学	赵云峰	男	75	68	75	218	72.67	中等
10	数学	向红	女	72	69	65	206	68.67	合格
11	地理	李静瑶	女	85	90	85	260	86.67	优秀
13	物理	陈晓燕	女	80	88	87	255	85.00	优秀
14	数学	吴文波	男	68	63	80	211	70.33	中等
15	生物	王颖	女	89	79	90	258	86.00	优秀
16	地理	张家明	男	78	67	65	210	70.00	中等
21	化学	曹立强	男	75	63	69	207	69.00	合格
22	地理	黄雪洁	女	78	81	79	238	79.33	中等

图 11-6 自动筛选结果

（2）将筛选以后的成绩表复制、粘贴到工作表 Sheet2 中：选中筛选后的成绩表数据，执行"开始"→"剪贴板"→"复制"命令，单击工作表标签 Sheet2，在工作表 Sheet2 中，单击 A1 单元格，执行"开始"→"剪贴板"→"粘贴"命令。

（3）取消工作表 Sheet1 中的自动筛选：单击工作表标签 Sheet1，在工作表 Sheet1 中，再次单击"数据"选项卡"排序和筛选"组中的"筛选"按钮，或者执行"开始"→"编辑"→"排序和筛选"命令，在弹出的下拉菜单中选择"筛选"选项。

（4）高级筛选。在工作表 Sheet1 的数据清单以外的空白区域 K5:M7 中，输入筛选条件，如图 11-7 所示。在"数据"选项卡的"排序和筛选"组中，单击"高级"按钮，弹出"高级筛选"对话框，如图 11-8 所示。在对话框的"列表区域"框中，使用鼠标在工作表中选定 A2:I22 数据区域，在"条件区域"框中，使用鼠标选定工作表中的 K5:M7 数据区域，同时在对话框中选择"在原有区域显示筛选结果"单选按钮，单击"确定"按钮，筛选结果如图 11-9 所示。

性别	高数	计算机
男	>90	
女		>=90

图 11-7 高级筛选条件　　　　　　　　　图 11-8 "高级筛选"对话框

	A	B	C	D	E	F	G	H	I
1					学生成绩表				
2	专业	姓名	性别	高数	英语	计算机	总分	平均分	总评
5	数学	汪迎华	男	94	70	72	236	78.67	中等
12	生物	郑小林	男	92	80	73	245	81.67	中等
15	生物	王颖	女	89	79	90	258	86.00	优秀

图 11-9　高级筛选结果

（5）取消工作表 Sheet1 中的高级筛选：在工作表 Sheet1 中，单击"数据"选项卡"排序和筛选"组中的"清除"按钮即可。

3. 使用排序功能

将工作表 Sheet2 中的数据按"高数"成绩升序排序，"高数"成绩相同时以"英语"成绩升序排序。

单击工作表标签 Sheet2 使工作界面切换至工作表 Sheet2。选中数据区域 A2:I13，单击"数据"选项卡"排序和筛选"组中的"排序"按钮，弹出如图 11-10 所示的"排序"对话框。根据要求，在图中标示①处依次设置"主要关键字"为"高数"、"排序依据"为"数值"、"次序"为"升序"，再单击对话框中图中标示②处的"添加条件"按钮，在图中标示③处依次设置"次要关键字"为"英语"、"排序依据"为"数值"、"次序"为"升序"，在图中标示④处选中"数据包含标题"复选框，最后单击"确定"按钮，结果如图 11-11 所示。

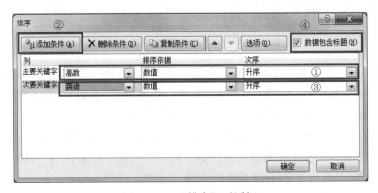

图 11-10　"排序"对话框

	A	B	C	D	E	F	G	H	I
1					学生成绩表				
2	专业	姓名	性别	高数	英语	计算机	总分	平均分	总评
3	数学	吴文波	男	68	63	80	211	70.33	中等
4	数学	向红	女	72	69	65	206	68.67	合格
5	化学	曹立强	男	75	63	69	207	69.00	合格
6	化学	赵云峰	男	75	68	75	218	72.67	中等
7	地理	张家明	男	78	67	65	210	70.00	中等
8	地理	黄雪洁	女	78	81	79	238	79.33	中等
9	物理	陈晓燕	女	80	88	87	255	85.00	优秀
10	地理	肖佳为	男	82	81	93	256	85.33	优秀
11	地理	李静瑶	女	85	90	85	260	86.67	优秀
12	生物	王颖	女	89	79	90	258	86.00	优秀
13	数学	汪迎华	男	94	70	72	236	78.67	中等

图 11-11　排序结果

提示：

数据排序是指将数据按照一定的规则进行排列显示。排序操作中涉及概念解释如下：

关键字：作为排序依据的字段称为关键字。

排序字段个数：根据关键字的个数可分为单字段和多字段排序。

> 排序方式：有升序排序和降序排序两种，即排序的方式为递增或递减。

4. 使用分类汇总功能

在 Sheet1 工作表中使用分类汇总功能显示出每个专业学生英语及总分的最高分。

> 提示：
> 分类汇总是指按某一字段记录的分类，对某个或某些数值字段以某种汇总方式进行统计。涉及概念解释如下：
> 分类字段：指需要用来进行分类汇总的数据列，一般为数据列表中的列标题。
> 汇总方式：用于进行分类汇总的函数，如求和、平均、计数等。
> 汇总项：指需要对其汇总进行计算的数值列，一般为数据列表中的列标题。
> 汇总前应明确三点：一是对哪个字段分类，二是对哪些字段汇总，三是汇总方式是什么。

分类汇总，顾名思义，应该先进行"分类"，即先对分类字段进行排序，然后再进行"汇总"操作，具体如下：

（1）在 Sheet1 工作表中选中要分类汇总数据区域中的任一单元格，如 D5 单元格。

（2）单击"数据"选项卡"排序和筛选"组中的"排序"按钮，按分类字段"专业"进行排序，排序方式选择升序或降序均可，这里选择升序排序。

（3）单击"数据"选项卡"分级显示"组中的"分类汇总"按钮，打开"分类汇总"对话框，如图 11-12 所示。在图中设置"分类字段"为"专业"，"汇总方式"设置为"最大值"，"选定汇总项"设置为"英语、总分"。

完成分类汇总后，Excel 可以自动地分级显示工作表上的信息，结果如图 11-13 所示。

	A	B	C	D	E	F	G	H	I
1					学生成绩表				
2	专业	姓名	性别	高数	英语	计算机	总分	平均分	总评
3	地理	肖佳为	男	82	81	93	256	85.33	优秀
4	地理	李静瑶	女	85	90	85	260	86.67	优秀
5	地理	张家明	男	78	67	65	210	70.00	中等
6	地理	黄雪洁	女	78	81	79	238	79.33	中等
7	地理 最大值				90		260		
8	化学	蔡虹莹	女	83	83	81	247	82.33	中等
9	化学	赵云峰	男	75	68	75	218	72.67	中等
10	化学	肖玲	女	73	85	84	242	80.67	中等
11	化学	曹立强	男	75	63	69	207	69.00	合格
12	化学 最大值				85		247		
13	生物	刘新宇		81	85	82	248	82.67	中等
14	生物	郑小林	男	92	80	73	245	81.67	中等
15	生物	王颖	女	89	79	90	258	86.00	优秀
16	生物	张小磊	男	88	82	70	240	80.00	中等
17	生物 最大值				85		258		
18	数学	汪迎华	男	94	70	72	236	78.67	中等
19	数学	向红	女	72	69	65	206	68.67	合格
20	数学	吴文波	男	68	63	80	211	70.33	中等
21	数学	龚明薇	女	95	72	86	253	84.33	中等
22	数学 最大值				72		253		
23	物理	周羽	男	86	74	92	252	84.00	中等
24	物理	王文静	女	87	73	89	249	83.00	中等
25	物理	陈晓燕	女	80	88	87	255	85.00	优秀
26	物理	王燕岭	男	82	92	71	245	81.67	中等
27	物理 最大值				92		255		
28	总计最大值				92		260		

图 11-12 "分类汇总"对话框 　　　　　　 图 11-13 分类汇总结果

（4）取消分类汇总：单击"数据"选项卡"分级显示"组中的"分类汇总"按钮，打开如图 11-12 所示的"分类汇总"对话框，单击"全部删除"按钮即可。

5. 绘制图表

绘制出物理专业学生的高数、英语、计算机成绩的图表，完成效果如图 11-14 所示。

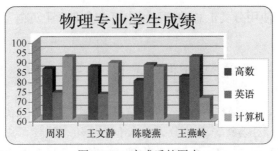

图 11-14　完成后的图表

（1）选择数据源：在 Sheet1 工作表中选择要建立图表的数据单元格区域，即选中不连续区域 B23:B26、D23:F26（如果数据区间不是连续的，使用 Ctrl 键按顺序逐行选择数据，本题可以直接按逐行顺序选择 B2、D2、F2、B23、D23:F23、B24、D24:F24、B25、D25:F25、B26、D26:F26，这样就不需要进行修改图例的操作了）。

（2）插入图表：单击"插入"选项卡"图表"组中右下角的"创建图表"按钮，弹出如图 11-15 所示的对话框。在图中选择图表类型为"三维簇状柱形图"，单击"确定"按钮，得到如图 11-16 所示的图表。

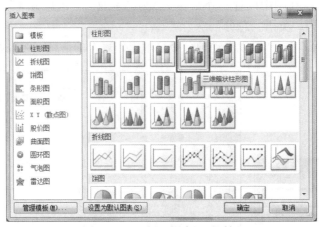

图 11-15　"插入图表"对话框

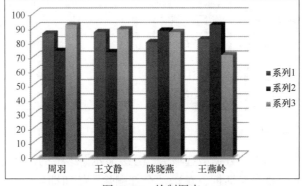

图 11-16　绘制图表

（3）修改图例名称：图 11-16 中的图例无法与各门课程的名称对应起来，这里需要对图例文字进行修改。首先选中图例，单击"图表工具"中"设计"选项卡"数据"组中的"选择数据"按钮，弹出"选择数据源"对话框，如图 11-17 所示。

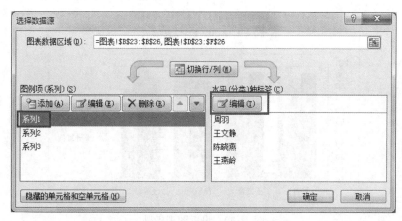

图 11-17　"选择数据源"对话框

选择图 11-17 中的"系列 1"，单击"编辑"按钮，弹出"编辑数据系列"对话框，如图 11-18 所示，在"系列名称"中输入"高数"，单击"确定"按钮，返回图 11-17 所示对话框，此时该图中的"系列 1"已修改为"高数"。使用相同的方法，依次修改"系列 2"为"英语"，"系列 3"为"计算机"，单击"确定"按钮，关闭对应的对话框后，结果如图 11-19 所示。

图 11-18　"编辑数据系列"对话框

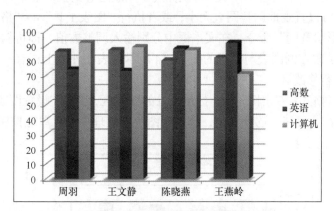

图 11-19　修改图例后的图表

（4）添加图表标题：单击"图表工具"中"布局"选项卡"标签"组中的"图表标题"按钮，在弹出的下拉菜单中选择"图表上方"选项，在图表上方出现"图表标题"字样，修改其内容为"物理专业学习成绩"，如图 11-20 所示。

（5）设置图表位置：默认情况下，Excel 2019 中的图表为嵌入式图表，可以根据需要在同一个工作簿中调整图表的位置，或将图表放在单独的工作表中。具体操作方法：选中图片，单击"图表工具"中"设计"选项卡"位置"组中的"移动图表"按钮，弹出"移动图表"对话框，如图 11-21 所示。这里有两种选择："新工作表"和"对象位于"，前者是将图表单独放在新工作表中，从而创建一个图表工作表；后者称为嵌入式图表，是将图表插入当前工作簿的任意工作表中。这里选择后者，再选中 Sheet1 图表，按住鼠标左键不放，拖动图表至合适的位置。

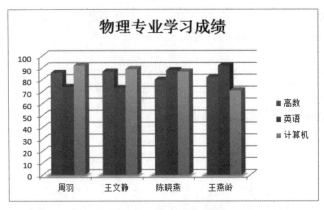

图 11-20　设置图表标题

图 11-21　"移动图表"对话框

（6）调整图表大小：单击选中图表，将鼠标置于图表边界的控制点上，当光标变成双向箭头时，拖动鼠标就可以直观地调整图表大小；或者执行"图表工具"→"格式"→"大小"→"形状高度"或"形状宽度"命令，在文本框中分别输入调整数值，即可精确调整图表大小。

（7）修饰图表：现在的图表与要求的图 11-14 所示图表在外观上还有一定差距，此时可以进一步对其局部进行修改。

① 设置图表区格式：双击图 11-22 标示①处的图表区，弹出"设置图表区格式"对话框，如图 11-23 所示，在"填充"选项卡中，选择"图片或纹理填充"单选按钮，再选择"纹理"

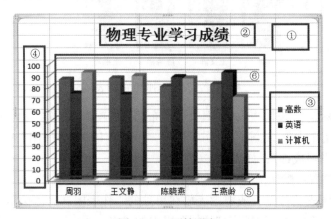

图 11-22　原始图表

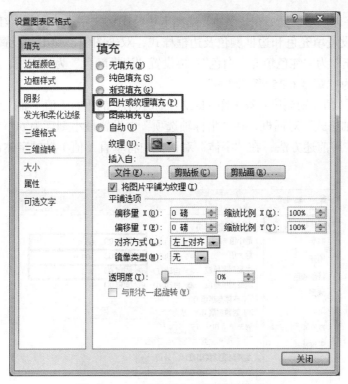

图 11-23　"设置图表区格式"对话框

中的"羊皮纸"图案；在"边框颜色"选项卡中，依次设置边框颜色为"实线、蓝色、透明度 55%"；在"边框样式"选项卡中依次设置"2 磅、圆形、圆角"，在"阴影"选项卡中，设置为"向右偏移"。

　　② 调整标题字体：选定图 11-22 中标示②处的图表标题并右击，在弹出的快捷菜单中执行"字体"命令，弹出"字体"对话框，如图 11-24 所示，在"字体"选项卡中将标题字体设为加粗、红色、宋体、18 号字。

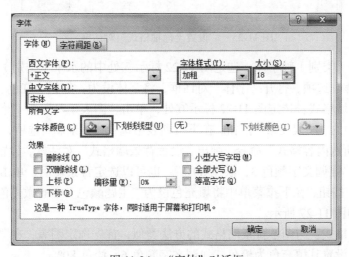

图 11-24　"字体"对话框

　　③ 设置图例格式：首先设置图例的字体，选定图 11-22 中标示③处的图例部分，使用上

述方法，打开"字体"对话框，在"字体"选项卡中将图例文字设为加粗、红色、宋体、12 号字。接着为图例设置填充色和边框颜色及边框样式，双击图例，弹出"设置图例格式"对话框，先设置"填充"为"纯色填充、白色"，再设置"边框颜色"为"实线、浅蓝色"，最后设置"边框样式"为"宽度 0.25 磅、圆形"。

④ 调整垂直（值）轴刻度：双击图 11-22 中标示④处的垂直（值）轴，弹出如图 11-25 所示的"设置坐标轴格式"对话框，在"坐标轴选项"中设置最小刻度为 60，最大刻度为 100，主要刻度为 5；按照前述方法，在"字体"对话框中将垂直（值）轴的字体设为加粗、红色、宋体、12 号字。

图 11-25　"设置坐标轴格式"对话框

⑤ 设置水平（类别）轴字体：选定图 11-22 标示⑤处中的水平（类别）轴右击，选择快捷菜单中的"字体"选项，打开"字体"对话框，将字体设为：加粗、红色、宋体、12 号字。

⑥ 调整背景墙格式：选定图 11-22 标示⑥处，单击"图表工具"中"格式"选项卡"当前所选内容"组中的"图表元素"按钮，在下拉列表中选择"背景墙"选项，如图 11-26 所示。随后执行"设置所选内容格式"命令，弹出"设置背景墙格式"对话框，设置"填充"为"纯色填充，橄榄色，强调文字颜色 3，淡色 80%"。也可以选定背景墙后，单击"形状样式"组中的"形状填充"按钮，在下拉菜单中将填充色设为"主题颜色"中的橄榄色，强调文字颜色 3，淡色 80%，如图 11-27 所示。

⑦ 调整基底格式：与调整背景墙格式的方法类似，首先选定图表，在"图表元素"中选择"基底"，然后设置其填充色为橙色，强调文字颜色 6，淡色 80%。

图 11-26 选择图表元素

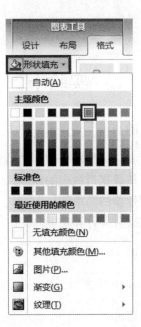

图 11-27 设置填充色

实验十二　数据透视表与合并计算

一、实验目的

通过对实际样例的处理，熟练掌握以下内容：

（1）简单数据透视表的建立。

（2）切片器的简单使用。

（3）数据合并计算功能。

二、实验环境

Windows 10 中文版，Excel 2019。

三、实验内容

（1）在 Sheet1 工作表中输入如图 12-1 所示的数据，以销售量为求和项，建立数据透视表如图 12-2 所示。

（2）在 Sheet2 工作表中输入如图 12-3 所示的数据，在"成绩分析"中进行"平均分"合并计算，结果如图 12-4 所示。

	图书销售表		
图书类别	销售人员	销售量	订单金额
机械	苏珊珊	123	¥3,082.00
地理	何大庆	24	¥528.00
电子	杨光明	57	¥1,432.71
机械	林茂森	92	¥2,310.00
英语	何大庆	36	¥907.20
机械	林茂森	35	¥868.75
英语	杨光明	16	¥400.00
电子	苏珊珊	36	¥906.93
机械	杨光明	81	¥2,030.40
电子	林茂森	71	¥1,764.00
地理	苏珊珊	31	¥768.75
电子	何大庆	79	¥1,974.00

图 12-1　样表 1

求和项:销售量	销售人员				
图书类别	何大庆	林茂森	苏珊珊	杨光明	总计
地理	24		31		55
电子	79	71	36	57	243
机械		127	123	81	331
英语	36			16	52
总计	139	198	190	154	681

图 12-2　数据透视表

	职称英语考试成绩表				
姓名	性别	年龄	职业	科目类别	总分
江珊	女	37	教师	理工类A级	88
张骁勇	男	39	律师	综合类A级	81
马丽娜	女	35	医生	卫生类A级	80
吴浩宇	男	37	记者	综合类A级	76
张赫	男	38	工程师	理工类A级	86
王丽颖	女	36	公证员	综合类A级	83
李文海	男	38	医生	卫生类A级	78
				成绩分析	
				科目类别	平均分

图 12-3　样表 2

	职称英语考试成绩表				
姓名	性别	年龄	职业	科目类别	总分
江珊	女	37	教师	理工类A级	88
张骁勇	男	39	律师	综合类A级	81
马丽娜	女	35	医生	卫生类A级	80
吴浩宇	男	37	记者	综合类A级	76
张赫	男	38	工程师	理工类A级	86
王丽颖	女	36	公证员	综合类A级	83
李文海	男	38	医生	卫生类A级	78
				成绩分析	
				科目类别	平均分
				理工类A级	87
				综合类A级	80
				卫生类A级	79

图 12-4　合并计算后工作表的效果图

四、实验步骤

1. 建立数据透视表

（1）按照图 12-1 中的样表，在 Sheet1 工作表中输入数据。

（2）选择创建数据透视表的数据区域：单击"插入"选项卡"表格"组中的"数据透视表"按钮，执行"数据透视表"命令，弹出"创建数据透视表"对话框，如图 12-5 所示。在"选择一个表或区域"框中，系统已自动选定工作表的数据源区域，用户也可以单击 ⬆ 按钮，重新选择数据源区域，该区域要包含列标题。

（3）选择数据透视表显示的位置：图 12-5 所示对话框下方的"选择放置数据透视表的位置"，是要求用户选择数据透视表显示的位置，可以是新建工作表或现有工作表的选定区域，这里选择"现有工作表"，单击 ⬆ 按钮，选择 F2 单元格，再点击窗口右侧 ▦ 按钮返回，最后单击"确定"按钮。

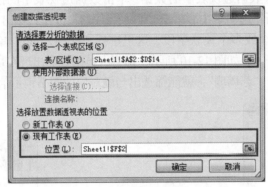

图 12-5 "创建数据透视表"对话框

（4）构造数据透视表：此时工作表的右侧将弹出"数据透视表字段列表"窗格，如图 12-6 所示，在窗格中的"选择要添加到报表的字段"列表中将"图书类别"拖到窗格中的"行标签"位置，将"销售人员"拖到"列标签"位置，将"销售量"拖到"数值"位置，这样数据透视表就创建成功了，如图 12-7 所示。

图 12-6 "数据透视表字段列表"窗格

求和项:销售量	列标签 ▾				
行标签 ▾	何大庆	林茂森	苏珊珊	杨光明	总计
地理	24		31		55
电子	79	71	36	57	243
机械		127	123	81	331
英语	36			16	52
总计	139	198	190	154	681

图 12-7 数据透视表

2. 编辑数据透视表

（1）单击数据透视表的任意位置，单击"数据透视表工具"中"设计"选项卡"布局"组中的"报表布局"按钮，在下拉列表中选择"以表格形式显示"选项；接着在"数据透视表样式"组中，修改其样式为"数据透视表样式浅色 15"，结果如图 12-8 所示。

求和项:销售量	销售人员				
图书类别	何大庆	林茂森	苏珊珊	杨光明	总计
地理	24		31		55
电子	79	71	36	57	243
机械		127	123	81	331
英语	36			16	52
总计	139	198	190	154	681

图 12-8　编辑后的数据透视表

（2）使用切片器筛选数据透视表中的数据：单击数据透视表中的任意单元格，然后在"数据透视表工具"的"分析"选项卡中，单击"插入切片器"按钮，弹出"插入切片器"对话框，如图 12-9 所示，选择一个或多个关联字段，这里选择"销售人员"，单击"确定"按钮，返回工作表。切片器就创建好了，如图 12-10 所示，销售人员的姓名出现在切片器中，在切片器中单击要筛选的项目，如单击"苏珊珊"，就能筛选出与她对应的图书销量信息，如图 12-11 所示。

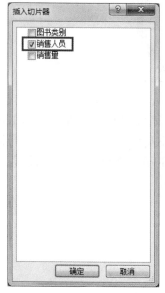

图 12-9　"插入切片器"对话框　　　图 12-10　创建的切片器　　　图 12-11　使用切片器筛选出的数据

3. 合并计算

（1）按照图 12-3 中的样表 2，在 Sheet2 工作表中输入数据。

（2）将光标定位到"成绩分析"中"科目类别"下方的单元格中，选择"数据"选项卡"数据工具"组中的"合并计算"按钮，弹出"合并计算"对话框，如图 12-12 所示。

（3）在图 12-12 中的"函数"下拉列表框中选择"平均值"选项，单击"引用位置"文本框后面的"工作表缩略图"的图标 ⬆ 后，用鼠标拖动方式选中"职称英语考试成绩表"中的"科目类别"和"总分"两列数据，再次单击 🔳 图标，返回"合并计算"对话框，单击"添加"按钮,刚才所选择的源数据,将添加到对话框中的"所有引用位置"列表框中,在"标签位置"组合框中,选中"最左列"复选框,最后单击"确定"按钮,返回到工作表,完成效果如图 12-4 所示。

图 12-12　　"合并计算"对话框

实验十三　Excel 电子表格中函数的使用

一、实验目的

通过对实际样例的处理，熟练掌握以下内容：

（1）各类函数的熟练应用。

（2）数据的分类管理。

（3）图表的创建与编辑。

二、实验环境

Windows 10 中文版，Excel 2019。

三、实验内容

（1）根据"员工编号"，在"员工档案表"的"姓名"列中，使用 VLOOKUP 函数完成"姓名"列的自动填充，"员工编号"与"姓名"的对应关系在"编号对照"工作表中。

（2）对"员工档案表"进行格式调整，将所有"工资"列设为保留两位小数的数值，调整表格的行高、列宽。

（3）根据身份证号，在"员工档案表"的"出生日期"列中，使用 MID 函数提取员工生日，提取结果的形式为"yyyy '年' m '月' d '日'"。

（4）根据入职时间，在"员工档案表"的"工龄"列中，使用 TODAY 函数和 IF 函数计算员工的工龄，工作满一年才计入工龄。

（5）引用"工龄工资"工作表中的数据，计算"员工档案表"中员工的工龄工资，在"基础工资"列中，计算每个人的基础工资（基础工资=基本工资+工龄工资）。

（6）根据"员工档案表"中的工资数据，统计所有人的基础工资总额，并将其填写在"统计报告"工作表的 B2 单元格中。

（7）根据"员工档案表"中的工资数据，统计职务为项目经理的基本工资总额，并将其填写在"统计报告"工作表的 B3 单元格中。

（8）根据"员工档案表"中的数据，统计本科生平均基本工资，并将其填写在"统计报告"工作表的 B4 单元格中。

（9）通过分类汇总功能求出每种职务的平均基本工资。

（10）创建一个饼图，对每个员工的基本工资进行比较，并将该图表放置在"统计报告"中。

四、实验步骤

1. 创建工作簿

启动 Excel 2019，创建一张包含四个工作表的工作簿。双击第一个工作表名称标签 Sheet1，输入新的工作表名"员工档案表"。使用相同的方法将 Sheet2 改名为"编号对照"，Sheet3 改名为"工龄工资"，Sheet4 改名为"统计报告"。

根据图 13-1～图 13-4 中所示的内容，建立某公司员工档案表（表中为虚拟数据）。

某公司员工档案表

员工编号	姓名	性别	部门	职务	身份证号	出生日期	学历	入职时间	工龄	基本工资	工龄工资	基础工资
DF007		男	管理	部门经理	410205196412278211		硕士	2001年3月		10000		
DF015		男	管理	人事行政经理	420316197409283216		硕士	2006年12月		9500		
DF002		女	行政	文秘	110105198903040128		大专	2012年3月		3500		
DF013		男	研发	项目经理	370108197202213159		硕士	2003年8月		12000		
DF017		男	研发	研发	310105196410020109		博士	2001年6月		18000		
DF008		女	管理	销售经理	110102197305120123		硕士	2001年10月		15000		
DF003		男	管理	研发经理	310108197712121139		硕士	2001年7月		12000		
DF004		男	研发	员工	372208197510090512		本科	2003年8月		5600		
DF005		男	人事	员工	110101197209021144		本科	2001年6月		5600		
DF006		男	人事	员工	110108197812120129		本科	2005年9月		6000		
DF009		女	行政	员工	551018198607311126		本科	2010年8月		4000		
DF010		男	研发	员工	372208197310070512		本科	2006年5月		5500		
DF011		男	研发	员工	410205197908278231		本科	2011年4月		5000		
DF012		女	销售	员工	110106198504040127		大专	2013年1月		3000		
DF014		男	行政	员工	610308198111020379		本科	2009年5月		4700		
DF016		男	研发	员工	327018198310123015		本科	2010年2月		5500		
DF018		女	销售	员工	110103198111090028		中专	2008年12月		3500		
DF019		男	行政	员工	210108197912031129		本科	2007年11月		4500		
DF020		男	研发	员工	302204198508090312		硕士	2010年3月		8500		
DF021		男	研发	员工	110106197809121104		本科	2010年3月		7500		
DF022		女	行政	员工	110107198010120109		高中	2010年3月		2500		
DF023		男	研发	员工	412205196612280211		本科	2010年3月		5000		
DF024		男	销售	员工	110108197507220123		本科	2010年3月		5200		
DF025		男	研发	员工	551018198107210126		本科	2011年1月		5000		
DF026		男	研发	员工	372206197810270512		本科	2011年1月		4500		
DF027		女	人事	员工	410205197908078231		本科	2011年1月		3800		
DF028		女	人事	员工	110104198204140127		本科	2011年1月		4500		
DF029		男	研发	员工	270108197302283159		本科	2011年1月		6000		
DF030		女	研发	员工	610000197610020379		本科	2011年1月		6500		
DF031		女	研发	员工	420016198409183216		本科	2011年1月		8000		
DF032		女	研发	员工	551018197510120013		本科	2011年1月		7500		
DF033		男	研发	员工	110105198412090027		硕士	2011年1月		9000		
DF034		女	研发	员工	120108197606031029		本科	2011年1月		4500		
DF035		男	研发	员工	102204198307190312		本科	2011年1月		5000		
DF001		男	管理	总经理	110110196301020119		博士	2001年2月		40000		

员工档案表／编号对照／工龄工资／统计报告

图 13-1　员工档案表

编号对照

员工编号	姓名
DF007	曾晓军
DF015	李大伟
DF002	郭文晶
DF013	苏立强
DF017	曾令煊
DF008	齐小明
DF003	侯裕文
DF004	宋子超
DF005	王华清
DF006	张国祥
DF009	孙小红
DF010	陈家亮
DF011	李小泉
DF012	杜兰英
DF014	张明亮
DF016	徐建林
DF018	杜文璐
DF019	乔飞扬
DF020	苏海峰
DF021	谢如康
DF022	张桂香
DF023	陈万平
DF024	张胜利
DF025	刘唐锋
DF026	刘鹏飞
DF027	孙玉敏
DF028	王思清
DF029	包宏伟
DF031	吉祥
DF032	李美娜
DF033	倪春生
DF034	闫朝霞
DF035	张国庆
DF001	莫一丁

图 13-2　编号对照

基础数据（每满一年，工龄工资增加50元）	
条件	金额（元）
每满一年	50

图 13-3　工龄工资

统计报告	
所有人的基础工资总额	
项目经理的基本工资总额	
本科生平均基本工资	

图 13-4　统计报告

2. 完成"姓名"的自动填充

在 B3 单元格中输入公式"=VLOOKUP(A3,编号对照!$A$3:$B$37,2,FALSE)"，如图 13-5 所示，按回车键确认，使用填充柄向下填充公式到最后一名员工。

图 13-5　输入公式

或者单击编辑栏左侧的"插入函数"按钮 fx，弹出"插入函数"对话框，如图 13-6 所示，从"或选择类别"的下拉菜单中选择"查找与引用类"，再从"选择函数"选项中选择 VLOOKUP 函数，单击"确定"按钮，弹出"函数参数"对话框，在对话框中依次输入所需的参数，如图 13-7 所示，单击"确定"按钮，返回工作表窗口，使用填充柄向下填充函数到最后一名员工。

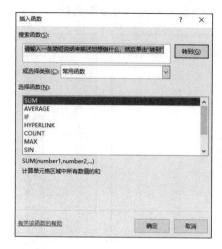

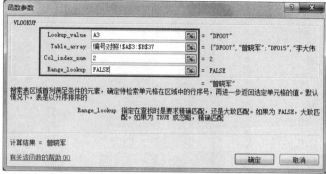

图 13-6　"插入函数"对话框　　　　　　　图 13-7　"函数参数"对话框

3. 调整工作表格式

选中所有"工资"列单元格，单击"开始"选项卡"单元格"组中的"格式"按钮，在弹出的下拉菜单中执行"设置单元格格式"命令，如图 13-8 所示，弹出"设置单元格格式"对话框，在"数字"选项卡的"分类"组中执行"数值"命令，在"小数位数"微调框中设置小数位数为"2"，如图 13-9 所示，设置完毕后单击"确定"按钮。

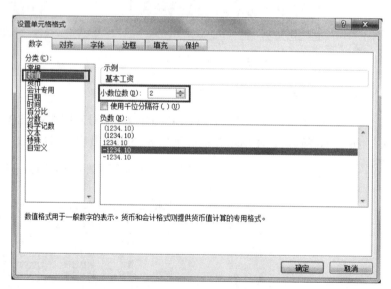

图 13-8　"格式"下拉菜单　　　　　　图 13-9　"设置单元格格式"对话框

或者选中所有"工资"列单元格，右击，在弹出的快捷菜单中选择"设置单元格格式"选项，同样会弹出"设置单元格格式"对话框，剩余的操作与前述相同，不再赘述。

4. 设置行高和列宽

选中所有单元格的内容，单击"开始"选项卡"单元格"组中的"格式"按钮，在弹出的下拉菜单中执行"行高"命令，弹出"行高"对话框，如图 13-10 所示，设置行高为"15"，单击"确定"按钮，完成设置。

再次单击"格式"按钮，弹出下拉菜单，从中执行"列宽"命令，在弹出的"列宽"对话框中设置列宽为"10"，单击"确定"按钮即可。

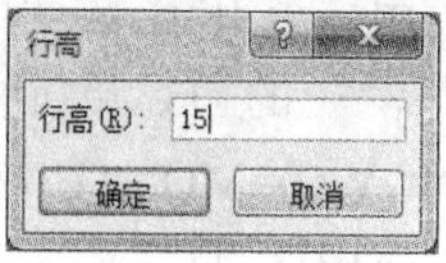

图 13-10　"行高"对话框

5. 提取员工生日

根据身份证号，在"员工档案表"工作表的 G3 单元格中输入公式"=MID（F3,7,4）&"年"&MID(F3,11,2)&"月"&MID(F3,13,2)&"日""，按回车键确认，然后拖动填充柄向下填充公式直到最后一名员工，或者双击填充柄也可实现自动填充。

还可以使用图 13-6 的"插入函数"对话框"文本"类函数 MID，在"函数参数"对话框中依次输入所需的参数，如图 13-11 所示，可以得到"出生日期"中的"年"，再次使用 MID 函数，依次提取出"出生日期"中的"月"和"日"，并用字符运算符"&"将它们与汉字"年""月""日"连接，从而得到一名员工的出生日期，再使用填充柄向下填充直到最后一名员工。

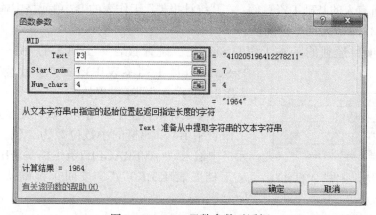

图 13-11　MID 函数参数对话框

思考：例如，身份证号是 410213201403052314，通过公式"=MID(F3,7,4)&"年"&MID(F3,11,2)&"月"&MID(F3,13,2)&"日""得到的结果是"2014 年 03 月 05 日"，但我们想要的结果是"2014 年 3 月 5 日"，这个该如何实现？

提示：通过 IF 函数判断第 11 位和 13 位的字符是否是"0"。

6. 计算员工的工龄和工资

（1）计算员工的工龄：工龄计算的逻辑关系是，当前月大于入职月时，工龄就是当前年减去入职年；当前月小于入职月时，工龄就是当前年减去入职年再减 1；当前月等于入职月时，又分为两种情况，一种是当前日大于等于入职日时，工龄就是当前年减去入职年，否则，工龄就是当前年减去入职年再减 1。如果把四种情况都列出了，就需要 3 个 IF 函数，此时在"员工档案表"的 J3 单元格中输入公式"=IF(MONTH(NOW())>MONTH(I3), YEAR(NOW())-YEAR(I3), IF(MONTH(NOW())<MONTH(I3), YEAR(NOW())-YEAR(I3)-1, IF(DAY(NOW())>=DAY(I3), YEAR(NOW())-YEAR(I3), YEAR(NOW())-YEAR(I3)-1)))"。另外，通过工龄的逻辑关系我们可以看到，当前月大于入职月时或者当前月等于入职月且当前日大于等于入职日时，工龄就是当前年减去入职年，否则工龄就是当前年减去入职年再减 1，这里就两种情况，使用一个 IF 函数就可以了，但它的条件函数要使用逻辑函数 OR 和 AND，此时在"员工档案表"的 J3 单元格中输入公式 "=IF(OR(MONTH(NOW())>MONTH(I3), AND(MONTH(NOW())=MONTH(I3), DAY(NOW())>=DAY(I3))), YEAR(NOW())-YEAR(I3), YEAR(NOW())-YEAR(I3)-1)"。

注意：使用公式 "=INT（（TODAY（ ）-I3）/365）" 是错误的，这个公式忽视了闰年这个特殊情况。

（2）计算工龄工资：在"员工档案表"的 L3 单元格中输入 "=J3*工龄工资!$B$3"，按回车键确认，然后向下填充公式到最后一个员工。

（3）计算基础工资：在"员工档案表"的 M3 单元格中输入 "=K3+L3"，按回车键确认，然后向下填充公式到最后一个员工。

7. 计算"统计报告"中的各项工资

（1）统计所有人的基础工资总额：在"统计报告"工作表的 B2 单元格中输入 "=SUM(员工档案表!M3:M37)"，按回车键确认。

（2）统计项目经理的基本工资总额：在"统计报告"工作表的 B3 单元格中输入 "=SUMIF(员工档案表!E3:E37,"项目经理",员工档案表!K3:K37)"，按回车键确认。

	统计报告	
1	A	B
2	所有人的基础工资总额	349225.9259
3	项目经理的基本工资总额	30000
4	本科生平均基本工资	5427.27

图 13-12　"统计报告"工作表

（3）统计本科生平均基本工资：先设置"统计报告"工作表中 B4 单元格的小数位数为 2 位，然后在 B4 单元格中输入 "=AVERAGEIF(员工档案表!H3:H37,"本科",员工档案表!K3:K37)"，按回车键确认，如图 13-12 所示。

8. 分类汇总求出每种职务的平均基本工资

（1）在"员工档案表"中选定要进行分类汇总的数据区域 A2:M37。

（2）单击"数据"选项卡"排序和筛选"组中的"排序"按钮，按分类字段"职务"进行排序，排序方式选择升序或降序均可，这里选择升序排序。

（3）在"员工档案表"的数据区域 A2:M37 中，选中任意单元格，单击"数据"选项卡"分级显示"组中的"分类汇总"按钮，弹出"分类汇总"对话框，如图 13-13 所示，在"分类字段"下拉列表中选择"职务"，在"汇总方式"下拉列表中选择"平均值"，在"选定汇总项"中勾选"基本工资"复选框，最后单击"确定"按钮，即可看到最终的效果，如图 13-14 所示。

9. 创建饼图

同时选中上述分类汇总表中每种职务的平均基本工资所在的单元格，单击"插入"选项卡"图表"组中的"饼图"按钮，在下拉列表中选择"分离型饼图"，如图 13-15 所示。

图 13-13　"分类汇总"对话框

　　图形创建后，右击图表区，在弹出的快捷菜单中选择"选择数据"选项，弹出"选择数据源"对话框，如图 13-16 所示，选中"水平（分类）轴标签"下的"1"，单击"编辑"按钮，弹出"轴标签"对话框，如图 13-17 所示，在"轴标签区域"中输入"部门经理，人事行政经理，文秘，项目经理，销售经理，研发经理，员工，总经理"，最终生成的基本工资比较饼图如图 13-18 所示。

		A	B	C	D	E	F	G	H	I	J	K	L	M
	1						某公司员工档案表							
	2	员工编号	姓名	性别	部门	职务	身份证号	出生日期	学历	入职时间	工龄	基本工资	工龄工资	基础工资
	3	DF007	曾晓军	男	管理	部门经理	410205196412278211	1964年12月27日	硕士	2001年3月	13	10000.00	650.00	10650.00
	4					部门经理 平均值						10000.00		
	5	DF015	李大伟	男	管理	人事行政经理	420316197409283216	1974年09月28日	硕士	2006年12月	7	9500.00	350.00	9850.00
	6					人事行政经理 平均值						9500.00		
	7	DF002	郭文晶	女	行政	文秘	110105198903040128	1989年03月04日	大专	2012年3月	2	3500.00	100.00	3600.00
	8					文秘 平均值						3500.00		
	9	DF013	苏立强	男	研发	项目经理	370108197202213159	1972年02月21日	硕士	2003年8月	10	12000.00	500.00	12500.00
	10	DF017	曾令煊	男	研发	项目经理	110105196410020109	1964年10月02日	博士	2001年6月	12	18000.00	600.00	18600.00
	11					项目经理 平均值						15000.00		
	12	DF008	齐小明	女	管理	销售经理	110102197305120123	1973年05月12日	硕士	2001年10月	12	15000.00	600.00	15600.00
	13					销售经理 平均值						15000.00		
	14	DF003	侯裕文	男	管理	研发经理	310108197712121139	1977年12月12日	硕士	2003年7月	10	12000.00	500.00	12500.00
	15					研发经理 平均值						12000.00		
	16	DF004	宋子超	男	研发	员工	372208197510090512	1975年10月09日	本科	2003年7月	10	5600.00	500.00	6100.00
	17	DF005	王华清	男	人事	员工	110101197209021144	1972年09月02日	本科	2001年6月	12	5600.00	600.00	6200.00
	18	DF006	张国祥	男	人事	员工	110108197812120129	1978年12月12日	本科	2005年9月	8	6000.00	400.00	6400.00
	19	DF009	孙小红	女	行政	员工	551010198607311126	1986年07月31日	本科	2010年5月	4	4000.00	200.00	4200.00
	20	DF010	陈家亮	男	研发	员工	372208197310070512	1973年10月07日	本科	2006年5月	8	5500.00	400.00	5900.00
	21	DF011	李小泉	男	研发	员工	410205197908278231	1979年08月27日	本科	2011年4月	3	5000.00	150.00	5150.00
	22	DF012	杜兰英	女	销售	员工	110101196804040127	1968年04月04日	大专	2013年1月	1	3000.00	50.00	3050.00
	23	DF014	张明亮	男	行政	员工	610308198111020379	1981年11月02日	本科	2009年5月	5	4700.00	250.00	4950.00
	24	DF016	徐建林	男	研发	员工	327018198310123015	1983年10月12日	本科	2010年2月	4	5500.00	200.00	5700.00
	25	DF018	杜文鹏	女	销售	员工	110101198111090028	1981年11月09日	中专	2008年12月	5	3500.00	250.00	3750.00
	26	DF019	齐飞扬	男	行政	员工	210108197912031129	1979年12月03日	本科	2007年1月	7	4500.00	350.00	4850.00
	27	DF020	苏海峰	男	研发	员工	302204198508090312	1985年08月09日	硕士	2010年3月	4	8500.00	200.00	8700.00
	28	DF021	谢如康	男	研发	员工	110106197809121104	1978年09月12日	本科	2010年3月	4	7500.00	200.00	7700.00
	29	DF022	张桂香	女	行政	员工	110107198010120109	1980年10月12日	高中	2010年3月	4	2500.00	200.00	2700.00
	30	DF023	陈万平	男	研发	员工	412205196612280211	1966年12月28日	本科	2010年3月	4	5000.00	200.00	5200.00
	31	DF024	张胜利	男	销售	员工	110108197507220123	1975年07月22日	本科	2010年3月	4	5200.00	200.00	5400.00
	32	DF025	刘康锋	男	研发	员工	551018198107210126	1981年07月21日	本科	2011年1月	3	5000.00	150.00	5150.00
	33	DF026	刘鹏飞	男	研发	员工	372208197810270512	1978年10月27日	本科	2011年1月	3	4500.00	150.00	4650.00
	34	DF027	孙玉敏	女	人事	员工	410205197908078231	1979年08月07日	本科	2011年1月	3	3800.00	150.00	3950.00
	35	DF028	王思清	女	人事	员工	110104198204140127	1982年04月14日	本科	2011年1月	3	4500.00	150.00	4650.00
	36	DF029	包宏伟	男	销售	员工	270108197302283159	1973年02月28日	本科	2011年1月	3	6000.00	150.00	6150.00
	37	DF030	符小燕	女	研发	员工	610008197610020379	1976年10月02日	本科	2011年1月	3	6500.00	150.00	6650.00
	38	DF031	吉祥	女	研发	员工	420016198409183216	1984年09月18日	本科	2011年1月	3	8000.00	150.00	8150.00
	39	DF032	李美娜	女	研发	员工	551018197510120013	1975年10月12日	本科	2011年1月	3	7500.00	150.00	7650.00
	40	DF033	侯春生	男	研发	员工	110105198412090027	1984年12月09日	硕士	2011年1月	3	9000.00	150.00	9150.00
	41	DF034	闫朝霞	女	研发	员工	120108197606031029	1976年06月03日	本科	2011年1月	3	4500.00	150.00	4650.00
	42	DF035	张国庆	男	研发	员工	102204198307190312	1983年07月19日	本科	2011年1月	3	5000.00	150.00	5150.00
	43					员工 平均值						5403.70		
	44	DF001	莫一丁	男	管理	总经理	110108196301020119	1963年01月02日	博士	2001年2月	13	40000.00	650.00	40650.00
	45					总经理 平均值						40000.00		
	46					总计平均值						7597.14		

图 13-14　"分类汇总"结果

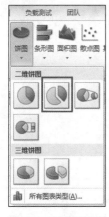

图 13-15　选择饼图

图 13-16　"选择数据源"对话框

图 13-17　"轴标签"对话框

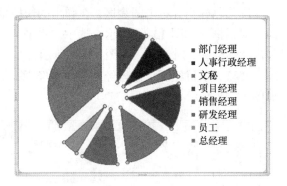

图 13-18　基本工资比较饼图

10. 保存文件

所有操作完成后，单击"保存"按钮，以"员工档案.xlsx"为文件名，保存在"F:\练习\excel"文件夹中。

实验十四　PowerPoint 演示文稿的制作

一、实验目的

通过对实际样例的处理，熟练掌握以下内容：

（1）演示文稿的创建和保存。

（2）幻灯片的制作。

（3）幻灯片版式的应用。

（4）演示文稿格式化和美化的基本方法。

二、实验环境

Windows 10 中文版，PowerPoint 2019。

三、实验内容

建立如图 14-1 所示的演示文稿。

四、实验步骤

1. 新建演示文稿文件

启动 Microsoft PowerPoint 2019 后，程序会自动创建包含一张空白幻灯片的演示文稿，并自动命名为"演示文稿 1.pptx"。执行"文件"→"保存"命令，将其存于"F:\练习\ppt"文件夹中，文件名为"唐诗欣赏"，保存类型选择"PowerPoint 演示文稿"。

图 14-1　演示文稿效果

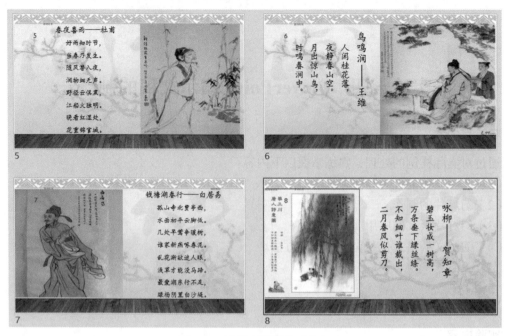

图 14-1　演示文稿效果（续）

2. 建立演示文稿内容

（1）创建首张幻灯片：自动创建的首张幻灯片默认为"标题幻灯片"版式，首先删除首张幻灯片上的"标题"占位符和"副标题"占位符，然后单击"插入"选项卡"文本"组中的"艺术字"按钮，在下拉菜单中选择"填充-金色"，如图 14-2 所示，在弹出的"请在此放置您的文字"处（图 14-3），输入演示文稿主题文字"唐诗欣赏"，并设置其文字格式为"华文楷体""60""加粗"。

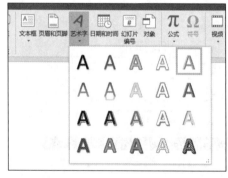

图 14-2　"艺术字"下拉菜单

（2）新建第二张幻灯片：单击"开始"选项卡"幻灯片"组中的"新建幻灯片"按钮，新建一张幻灯片。新建的幻灯片会自动放置在首张幻灯片的后面成为第二张幻灯片，且默认为"标题和内容"版式。在标题框内输入标题文字"唐诗简介"，设置其字体、字号分别为"宋体""60"，在内容框中输入图 14-4 中的文字，字体使用"楷体"，字号为"18"。项目符号的缩进可以通过"段落"菜单进行设置，如图 14-5 所示，在"缩进"的"文本之前"框里填写"2 字符"。

（3）新建第三张幻灯片：单击"开始"选项卡"幻灯片"组中的"新建幻灯片"按钮，在弹出的下拉列表中选择"空白"，如图 14-6 所示，则第三张幻灯片具有"空白"版式。

在幻灯片中插入 SmartArt 图形：单击"插入"选项卡"插图"组中的 SmartArt 按钮，弹出"选择 SmartArt 图形"对话框，如图 14-7 所示，选择"层次结构"类型中的"线型列表"，然后单击"确定"按钮。

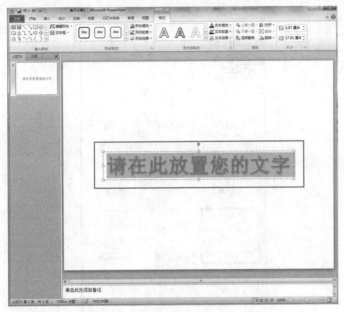

图 14-3　输入演示文稿主题文字

　　唐诗是我国古典诗歌发展的高峰，是中华民族优秀传统文化中的瑰宝，也是全世界文学宝库中的一颗灿烂的明珠。尽管离现在已有一千多年了，但许多诗篇仍为我们广为流传。其突出表现为：
　　●→ 数量众多……
　　　　清代康熙年间编定《全唐诗》收诗 48900 多首。
　　●→ 作者广泛
　　　　上自帝王将相，下至贩夫走卒和释道倡优，上自老人，下至几岁的小孩，还有外国作者。
　　●→ 题材丰富……
　　　　涉及政治、经济、战争、宗教、宫廷、吏治、科举、婚姻、亲情、友谊、羁旅、怀古、山水、田园、动植物等社会与自然现象的各个方面。
　　●→ 形式多样
　　　　乐府、古诗（包括五言、七言和杂言、四言）、绝句、律诗等都已发展成熟，出现了大批优秀作品。
　　●→ 艺术成就辉煌
　　　　创造了很多完美的艺术手法，形成了众多风格流派。

图 14-4　第二张幻灯片中的文字及格式

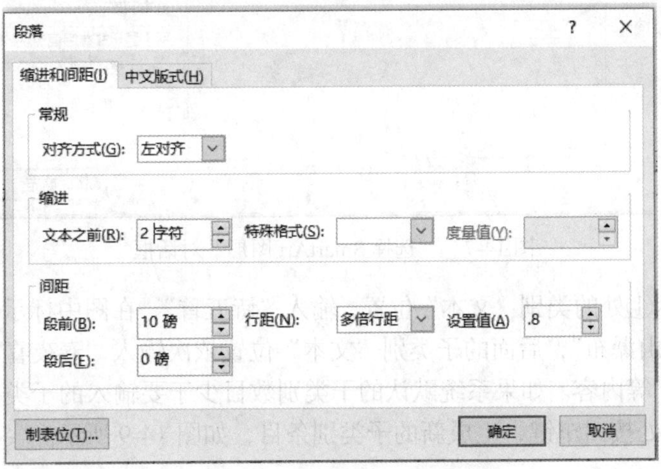

图 14-5　项目符号的缩进

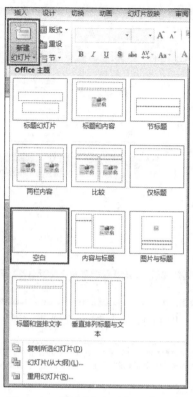

图 14-6　　"新建幻灯片"下拉列表

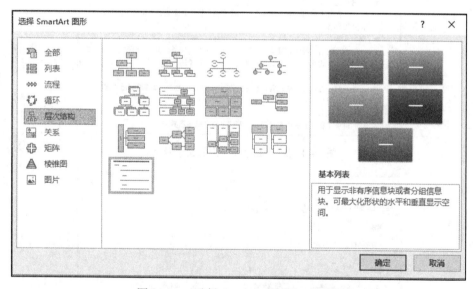

图 14-7　　"选择 SmartArt 图形"对话框

在图 14-8 标示①处的类别"文本"位置，输入"诗五首"，在图中标示②处的子类别"文本"中输入"望庐山瀑布"，后面的子类别"文本"位置依次输入"春夜喜雨""鸟鸣涧""钱塘湖春行""咏柳"等内容。如果系统默认的子类别数目少于要输入的子类别数目，可以直接在最后一个子类别处按回车键，生成新的子类别条目，如图 14-9 所示。

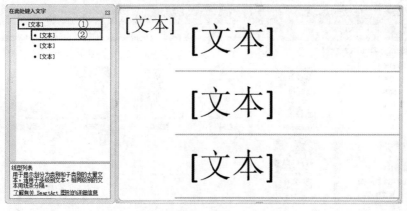

图 14-8　文本窗格

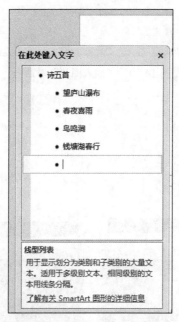

图 14-9　生成新的子类别条目

　　如果"文本窗格"没有打开，可以通过以下两种方式打开：一种方法是在"SmartArt 工具"下的"设计"选项卡上，单击"创建图形"组中的"文本窗格"按钮；另一种方法是用鼠标单击 SmartArt 图形左边框上的控件"　"按钮。

　　（4）新建第四张至第八张幻灯片：首先在第三张幻灯片之后，连续新建五张均为"空白"版式的幻灯片，选中第四张幻灯片，单击"插入"选项卡"图像"组中的"图片"按钮，弹出"插入图片"对话框，如图 14-10 所示，在"F:\练习\ppt"文件夹中选择"李白"文件，单击"确定"按钮，则幻灯片 4 中将显示该图片，将图片移动到幻灯片的左侧，并调整图片大小。

　　接着在幻灯片的右侧插入一个文本框，单击"插入"选项卡"文本"组中的"文本框"下拉按钮，选择"竖排文本框"选项，在文本框中输入图 14-11 所示的诗句，段落格式采用"居中"，字体为"楷体"，诗的标题字号为"44"，诗体字号为"36"。

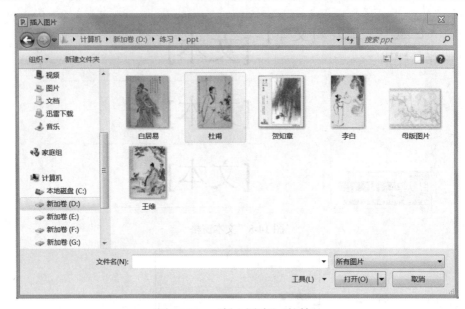

图 14-10 "插入图片"对话框

图 14-11 第四张至第八张幻灯片效果图

采用类似的操作方法，输入第五张至第八张幻灯片的内容，除了第六张幻灯片中诗的标题字号为"40"，诗体字号为"36"，其余幻灯片的设置与第四张幻灯片相同。

3. 演示文稿编辑

（1）应用主题：PowerPoint 2019 提供了多种设计主题，使用预先设计的主题，可以轻松、快捷地更改演示文稿的整体外观。在"设计"选项卡的"主题"组中，单击"画廊"主题，即可将该主题应用于所有幻灯片。

提示：如果只需将选定的主题应用于某一张或某几张幻灯片，则可以先在普通视图的左窗格中的"幻灯片"选项卡中，选中要设置主题的幻灯片（按住 Ctrl 键可以同时选中多张幻灯片），然后在选中的主题图标处右击，在弹出的快捷菜单中选择"应用于选定幻灯片"选项。

（2）自定义主题颜色和字体：对于应用了主题的幻灯片，可以对其颜色和字体进行设置，主题颜色由文字/背景、强调文字背景颜色、超链接以及已访问超链接等 12 种颜色组成。每种颜色会自动应用于幻灯片中不同的组件。

首先修改文字/背景颜色，在"设计"选项卡的"主题"组中，单击"颜色"按钮，然后在下拉菜单中执行"自定义颜色"命令，弹出"新建主题颜色"对话框，如图 14-12 所示，将"文字/背景-深色 1"改为"深红"，"文字/背景-深色 2"改为"蓝色"，这样第二、三张幻灯片中的标题颜色将变为深红，同时第二张幻灯片中内容文字的颜色将变成"蓝色"。

接下来更改主题中的标题和正文文本的字体，在"设计"选项卡的"主题"组中，单击"字体"按钮，在下拉菜单中执行"自定义字体"命令，弹出"新建主题字体"对话框，如图 14-13 所示，将"标题字体（中文）"设为"华文楷体"，"正文字体（中文）"设为"楷体"，单击"保存"按钮，幻灯片中所有标题字体将改为"华文楷体"，正文字体为"楷体"。

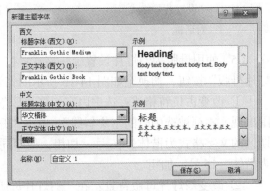

图 14-12 "新建主题颜色"对话框 　　图 14-13 "新建主题字体"对话框

（3）设置背景：前面所讲的演示文稿的主题已经为整个演示文稿的所有幻灯片提供了统一的背景，下述的背景设置主要应用于突出显示某张幻灯片效果的场合。

选中第二张幻灯片，在"设计"选项卡的"背景"组中，单击"背景样式"按钮，在页面右侧会出现"设置背景格式"对话框，如图 14-14 所示。选择左侧的"填充"选项卡，选择"渐变填充"单选按钮，在"预设渐变"中选择"浅色渐变—个性 3"，其余选项不变，单击"关闭"按钮，则此背景设置应用于当前选中的第二张幻灯片。

（4）为幻灯片添加页脚：在"插入"选项卡的"文本"组中，单击"页眉和页脚"按钮，弹出如图 14-15 所示的"页眉和页脚"对话框，选择"幻灯片"选项卡，依次设置以下内容："日期和时间"为"自动更新"，"页脚"为"唐诗欣赏"，选中"幻灯片编号""标题幻灯片中不显示"前的复选框，完成后单击"全部应用"按钮。

图 14-14　　"设置背景格式"　　　　　　图 14-15　　"页眉和页脚"对话框
　　　　　　对话框

（5）使用母版为幻灯片设置统一格式：在"视图"选项卡的"母版视图"组中，单击"幻灯片母版"按钮，切换至如图 14-16 所示的幻灯片母版视图。

① 改变占位符格式：选中内容幻灯片母版中的"日期区"占位符（占位符被选中后，周围出现文本框被选中时的密集斜线），单击"开始"选项卡"字体"组中的相关按钮，设置日期区的文字格式为楷体、16 号、加粗，使用同样的方法，设置"页脚区"占位符的文字格式为楷体、16 号、加粗。

② 改变幻灯片母版背景：在"幻灯片母版"选项卡的"背景"组中，单击"背景样式"按钮，在弹出的下拉菜单中选择"设置背景格式"选项，打开"设置背景格式"对话框，选择"填充"选项卡中的"图片或纹理填充"单选按钮，再单击"文件"按钮，插入来自"F:\练习\ppt"文件夹的图片文件"母版图片"，如图 14-17 所示，完成上述操作后，单击"关闭"按钮，退出"设置背景格式"对话框。

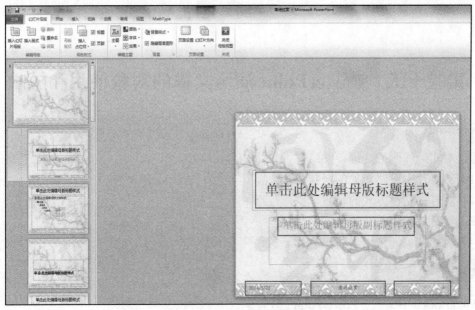

图 14-16　幻灯片母版视图

图 14-17　"设置背景格式"对话框

　　母版设置结束后，单击"幻灯片母版视图"工具栏中的"关闭母版视图"按钮，切换视图方式至"普通视图"，可以看到第一张至第八张幻灯片的背景图片及文字格式均发生了改变，且在母版中添加的内容在普通视图下只可查看、不能修改。

　　提示：母版可以控制演示文稿的外观，在母版上进行的设置将应用到基于它的所有幻灯片。改变母版的文本内容不会影响到基于该母版的幻灯片的相应文本内容，仅仅是影响其外观和格式。
　　默认的幻灯片母版有5个占位符，即"标题""文本""日期""幻灯片编号""页脚"，如图 14-16 所示。一般来说，只更改母版上占位符的格式或调整占位符的位置，而不向占位符中添加内容。更改占位符格式的方法和更改普通文字的方法相同，选中占位符，在"格式"菜单中修改格式即可。

实验十五　PowerPoint 演示文稿的对象使用和放映

一、实验目的

通过对实际样例的处理，熟练掌握以下内容：

（1）幻灯片中设置对象的链接方法。

（2）幻灯片切换方式的设置。

（3）幻灯片的放映技巧。

（4）演示文稿的输出。

二、实验环境

Windows 10 中文版，PowerPoint 2019。

三、实验内容

（1）设置播放效果：幻灯片的切换与动画设置。

（2）设置超链接。

（3）设置动作按钮。

（4）演示文稿的放映与输出。

四、实验步骤

实际样例采用实验十四生成的演示文稿。

1. 设置演示文稿的播放效果

（1）插入声音对象：选中第一张幻灯片，单击"插入"选项卡"媒体"组中的"音频"按钮，在下拉菜单中选择"PC 上的音频"选项（图 15-1），弹出"插入音频"对话框，选择"F:\练习\ppt"文件夹中的 Another Realm.mp3 文件，幻灯片中会出现音频剪辑图标，如图 15-2 所示，用调整图片的方法将音频剪辑图标调整至合适大小，并移动到幻灯片中适当的位置。

根据播放需要可以在"音频工具"的"播放"选项卡的"音频选项"组中，进行以下设置（图 15-3）：

① 在"开始"列表中选择"自动"，表示在放映该幻灯片时自动开始播放音频。

② 同时选中"循环播放，直到停止"和"播完返回开头"复选框，则音频将循环播放直至幻灯片放映结束。

③ 选中"放映时隐藏"复选框，则播放幻灯片时不显示音频剪辑图标。

（2）设置幻灯片切换效果：幻灯片切换是指幻灯片间切换的动画效果，可以为单张单独设置或为多张幻灯片设置整体动画。

先选定第一张幻灯片，在"切换"选项卡的"切换到此幻灯片"组中，单击要应用的幻灯片切换效果，这里将第一张幻灯片的切换效果设置为"百叶窗"，再选定第二至第八张幻灯片，

图 15-1　插入音频

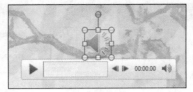

图 15-2　音频剪辑图标

图 15-3　"音频选项"组

设置其切换效果为"溶解"。

接着为刚才设置的切换效果添加声音，在"切换"选项卡的"计时"组中，选择"声音"列表中的"照相机"。

最后设置幻灯片之间切换效果的持续时间，在"切换"选项卡"计时"组中的"持续时间"框中，键入或选择所需的时间，这里将所有幻灯片的切换时间均设置为"00.10"。

单击功能区左侧的"预览"按钮，可以预览所设置的切换效果。

说明：如果需要放映时自动换片，可以选择并设置"设置自动换片时间"按钮，例如，"01:05.00"表示每隔 1 分零 5 秒自动换片。如需将所选效果应用于整个演示文稿，可以单击"全部应用"按钮。要使用指定的计时，需要在"幻灯片放映"选项卡的"设置"组中，选中"使用计时"复选框。

（3）幻灯片内的动画设置：这里所说的动画设置，是指为幻灯片内部各个元素设置动画效果，包括项目动画和对象动画，其中，项目动画是针对文本而言的，而对象动画是针对幻灯片中的各种对象的，对于一张幻灯片中的多个动画效果，还可以设置它们的先后顺序。

操作方法如下：

① 在"动画"选项卡的"高级动画"组中，单击"动画窗格"按钮，打开"动画窗格"任务窗格，如图 15-4 中标示①处，在"动画窗格"中可以进一步设置已添加的动画效果，也可以改变动画播放的次序。

② 例如，在第四张幻灯片中，选中图片对象（图 15-4 中标示②处），在"动画"选项卡的"动画"组中，单击"添加动画"按钮，选择"进入"中的"轮子"效果。如果对此效果不满意，可以在"动画"组中单击"轮子"按钮（图 15-4 中标示③处），再单击"效果选项"下拉按钮（图 15-4 中标示④处），在下拉列表中选择"8 轮辐图案"（图 15-4 中标示⑤处）。

在"动画"选项卡的"计时"组中，选择"开始"列表中的"单击时"（图 15-4 中标示⑥处），表示单击幻灯片时开始动画效果。

③ 选中该幻灯片中的文本框，使用前述方法，设置动画效果为"进入"中的"飞入"，"效果选项"设为"自底部"。在"动画"选项卡的"计时"组中，选择"开始"列表中的"与上一动画同时"，表示在"动画窗格"列表中的上一个动画效果开始时同时开始该动画效果，即一次单击执行多个动画效果。

经过上述操作，幻灯片中的动画占位符旁边将会出现一个动画标记数字（这个阿拉伯数字代表当前设置的动画在幻灯片中播放的次序），如图 15-4 中标示⑦处所示，同时"动画窗格"的动画列表区也会出现该项。

④ 在"动画窗格"列表中选择第一个动画效果并右击，在弹出的快捷菜单中选择"效果选项"选项，可以打开该动画对应的效果对话框，如图 15-5 所示。其中，"效果"选项卡可以设置动画的各种形状及增强效果，"计时"选项卡可以进行相关时间的设置。这里设置该动画的声音效果为"风铃"。

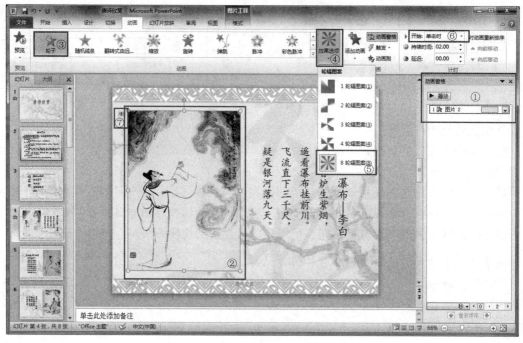

图 15-4　添加动画效果

图 15-5　设置动画效果的对话框

⑤ 设置完成后，如需查看播放效果，单击"动画窗格"中的"播放"按钮即可。

按上述方法为第五张至第八张幻灯片内的各对象设置不同的动画效果。

提示：如果需要调整动画之间的先后顺序，可以在"动画窗格"的动画效果列表中，直接按住鼠标左键不放，拖动调整各对象之间的位置关系；或者单击"动画窗格"下方的重新排序按钮或。

2. 设置幻灯片间的超链接

使用超链接和动作按钮可增加演示文稿的交互性，从而在放映时可以跳转到指定的幻灯片或指定的文件中。

首先，选择要插入超链接的位置，例如，在第三张幻灯片中，选中 SmartArt 图中的文字"望庐山瀑布"，然后在"插入"选项卡的"链接"组中，单击"超链接"按钮，弹出"编辑超链接"对话框，如图 15-6 所示，在对话框中单击"本文档中的位置"图标，在"请选择文档中的位置"中，单击"幻灯片 4"，最后单击"确定"按钮。

用同样的方法，将第三张幻灯片中的文字"春夜喜雨"链接到第五张幻灯片，"鸟鸣涧"链接到第六张幻灯片，"钱塘湖春行"链接到第七张幻灯片，"咏柳"链接到第八张幻灯片。

注意：建立好超链接后，如果需要查看超链接的效果，需要在放映状态下才能使用。当鼠标移动到有超链接的文字或对象上时，鼠标会变成一只小手的形状，单击它即可跳转到链接位置。

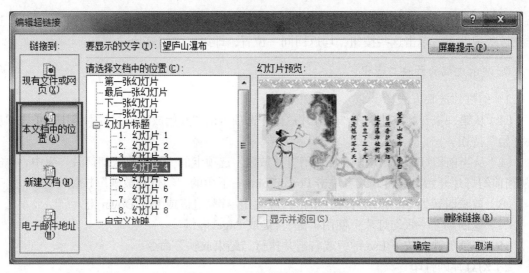

图 15-6 "编辑超链接"对话框

3. 设置动作按钮

幻灯片中的动作按钮可看作另一种形式的超链接，它的链接载体是按钮形状的图片。选定第四张幻灯片，在"插入"选项卡的"插图"组中，单击"形状"按钮，然后在"动作按钮"选项中单击"后退或前一项"按钮，鼠标随之变成十字状，在该幻灯片的右下角，按住鼠标左键并拖动鼠标，绘制出一个按钮状的图形，释放鼠标，系统将弹出如图 15-7 所示的"动作设置"对话框。

图 15-7 "动作设置"对话框

在"动作设置"对话框中，选择"单击鼠标"选项卡，设置"单击鼠标时的动作"组中"超链接到"为"幻灯片"选项，在弹出的"超链接到幻灯片"对话框中选择"幻灯片 3"，如图 15-8 所示，单击"确定"按钮。此时幻灯片右下角将出现动作按钮"◀"图标，效果如图 15-9 所示。在放映视图下，单击该按钮，将返回第三张幻灯片。

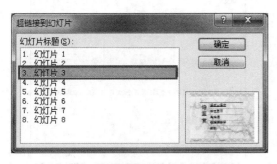

图 15-8 "超链接到幻灯片"对话框

图 15-9 添加动作按钮后第四张幻灯片的最终效果

选定设置好的按钮，将其复制，并分别粘贴到第五张至第八张幻灯片合适的位置处。这样在放映视图下，单击这些按钮，均返回同一位置，即第三张幻灯片。

4. 演示文稿的放映与输出

1）幻灯片放映方法

（1）从第一张开始放映：在"幻灯片放映"选项卡的"开始放映幻灯片"组中，单击"从头开始"按钮。

（2）从当前幻灯片开始放映：在"幻灯片放映"选项卡的"开始放映幻灯片"组中，单击"从当前幻灯片开始"按钮，或者单击 PowerPoint 右下角的"幻灯片放映"按钮（ 𝄚 ）。

（3）放映时转到下一张幻灯片：单击，或使用→键、↓键或 PageDown 键。

（4）返回到上一张幻灯片：使用←键、↑键或 PageUp 键。

（5）取消放映：按下 Esc 键，或右击并执行"结束放映"命令。

2）幻灯片的打印

（1）页面设置：在打印演示文稿前，首先要设置幻灯片的大小和方向。在"设计"选项卡的"页面设计"组中，单击"页面设置"按钮，弹出如图 15-10 所示的对话框，在"幻灯片大小"下拉列表中选择纸张类型，如果选择"自定义"选项，需要在"宽度"和"高度"框中自定义纸张大小，在"方向"组中设置需要的方向，最后单击"确定"按钮。

图 15-10　"页面设置"对话框

（2）打印设置并打印：执行"文件"→"打印"命令，如图 15-11 所示，单击"整页幻灯片"下拉按钮，弹出"打印版式"下拉列表，选择"讲义"中的"6 张水平放置的幻灯片"，如图 15-12 所示，最后单击"打印"按钮。

图 15-11　打印设置

图 15-12　"打印版式"下拉列表

3）输出为自动放映的文件

执行"文件"→"另存为"命令，弹出"另存为"对话框，选择保存文件的位置为"F:\练习\ppt"，文件名为"演示文稿.pptx"，选择保存类型为"启用宏的 PowerPoint 放映"，单击"保存"按钮。在"F:\练习\ppt"文件夹中可以看到刚保存的放映文件，双击该文件即可放映。

4）输出为视频文件

与上述操作类似，执行"文件"→"导出"→"创建视频"命令，在弹出的菜单中，单击"创建视频"按钮，弹出"另存为"对话框，如图 15-13 所示，输入保存路径名和文件名，就能生成可以在播放器中欣赏的幻灯片。

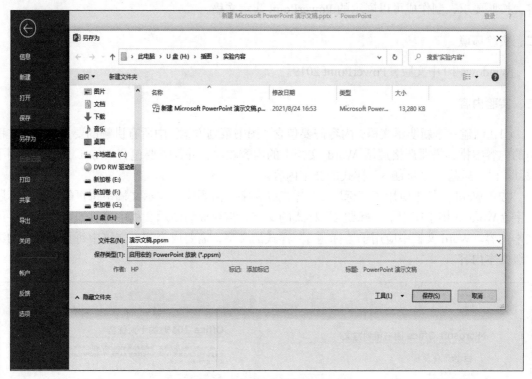

图 15-13 保存为自动放映文件

实验十六　PowerPoint 演示文稿的制作与编辑

一、实验目的

为了更好地控制教材编写的内容、质量和流程，请根据图 16-1 所示图书策划方案中的内容，按照要求，制作成可以展示的 PowerPoint 演示文稿。

二、实验环境

Windows 10 中文版，PowerPoint 2019。

三、实验内容

（1）创建一个新演示文稿，内容需要包含"图书策划方案"中所有讲解的要点，演示文稿中的内容编排，需要严格遵循 Word 文档中的内容顺序，并仅需要包含 Word 文档中应用了"标题 1""标题 2""标题 3"样式的文字内容。

（2）Word 文档中应用了"标题 1"样式的文字，需要成为演示文稿中每页幻灯片的标题文字。Word 文档中应用了"标题 2"样式的文字，需要成为演示文稿中每页幻灯片的第一级文本内容。Word 文档中应用了"标题 3"样式的文字，需要成为演示文稿中每页幻灯片的第二级文本内容。

图 16-1　图书策划方案中的内容

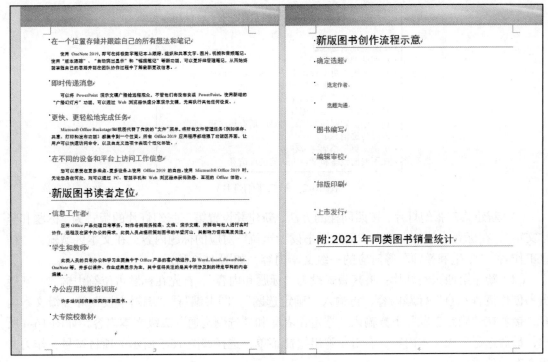

图 16-1　图书策划方案中的内容（续）

（3）将演示文稿中的第一页幻灯片调整为"标题幻灯片"版式。

（4）为演示文稿应用一个美观的主题样式。

（5）在标题为"新版图书创作流程示意"的幻灯片中，将其中包含的流程文字利用 SmartArt 图形展现。

（6）在标题为"2021 年同类图书销量统计"的幻灯片中，插入一个 5 行 6 列的表格，行标题分别为"图书名称""出版社""作者""定价""销量"。

（7）在该演示文稿中创建一个演示方案，该演示方案包含第 1、2、3、4 页幻灯片，并将该演示方案命名为"放映方案 1"。

（8）保存制作完成的演示文稿，并将其命名为"策划方案.pptx"。

四、实验步骤

1. 创建演示文稿

（1）新建第一张幻灯片：打开 Microsoft PowerPoint 2019，新建一个空白演示文稿，首张幻灯片默认为"标题幻灯片"版式，单击标题占位符，输入标题内容"Microsoft Office 图书策划方案"。

（2）新建第二张幻灯片：在"开始"选项卡的"幻灯片"组中单击"新建幻灯片"下三角按钮，在下拉列表中选择"标题和内容"版式。在标题占位符中输入"Office 2019 的十大优势"标题内容，在文本区域中输入素材中"更直观地表达想法"等对应的一级文本内容，如图 16-2 所示。

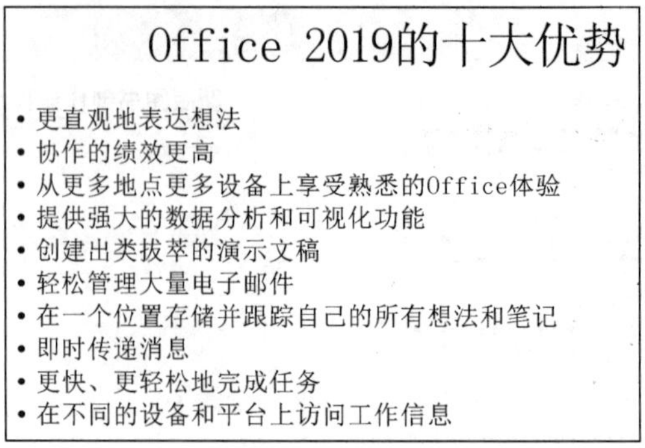

Office 2019的十大优势
• 更直观地表达想法
• 协作的绩效更高
• 从更多地点更多设备上享受熟悉的Office体验
• 提供强大的数据分析和可视化功能
• 创建出类拔萃的演示文稿
• 轻松管理大量电子邮件
• 在一个位置存储并跟踪自己的所有想法和笔记
• 即时传递消息
• 更快、更轻松地完成任务
• 在不同的设备和平台上访问工作信息

图 16-2　第二张幻灯片

（3）新建第三张幻灯片：按照同样的方法，新建并设置第三张幻灯片的版式为“标题和竖排文字”，在标题占位符中输入“新版图书读者定位”对应的标题内容，在文本区域输入“信息工作者”“学生和教师”等对应的一级文本内容，如图 16-3 所示。

（4）新建第四张幻灯片：将其版式设为“标题和内容”，首先在标题占位符中输入“新版图书创作流程示意”标题内容，再输入“确定选题”“图书编写”“编辑审校”等一级文本内容，接着在“确定选题”下方输入“选定作者”和“选题沟通”二级文本内容，如图 16-4 所示，最后选定二级文本内容，右击，弹出快捷菜单，选择如图 16-5 所示的项目符号，作为二级文本的项目符号。

（5）新建第五张幻灯片的版式为“仅标题”，在标题中输入“附：2021 年同类图书销量统计”标题内容，如图 16-6 所示。

新版图书读者定位
信息工作者
学生和教师
办公应用技能培训班
大专院校教材

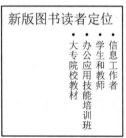

图 16-3　第三张幻灯片

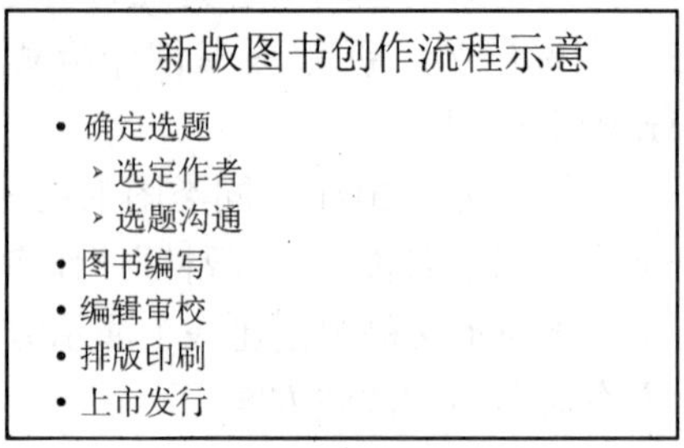

新版图书创作流程示意
• 确定选题
› 选定作者
› 选题沟通
• 图书编写
• 编辑审校
• 排版印刷
• 上市发行

图 16-4　第四张幻灯片

无
项目符号和编号(N)...

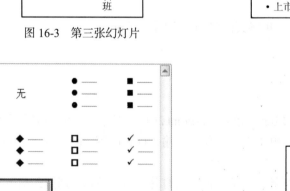

图 16-5　项目符号

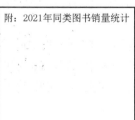

附：2021年同类图书销量统计

图 16-6　第五张幻灯片

2. 应用主题样式

在"设计"选项卡中，执行"主题"组中的"平衡"命令，则"平衡"主题应用于所有幻灯片。

3. 插入并编辑 SmartArt 图形

选定第四张幻灯片，在"插入"选项卡的"插图"组中单击 SmartArt 按钮，弹出"选择 SmartArt 图形"对话框，选择"层次结构"类型中的"组织结构图"，如图 16-7 所示，单击"确定"按钮。

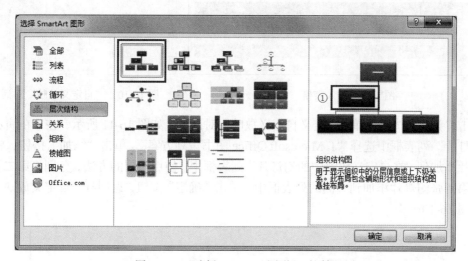

图 16-7 "选择 SmartArt 图形"对话框

根据幻灯片中文本对应的内容形式，将插入图形中多余的矩形（如图 16-7 中标示①处）删去，再对图形中的内容和格式进行调整，如图 16-8 所示。

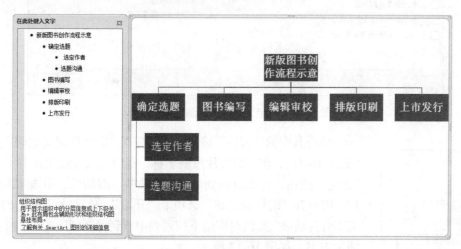

图 16-8 编辑 SmartArt 图形

选定第五张幻灯片，单击"插入"选项卡中的"表格"按钮，在下拉菜单中执行"插入表格"命令，弹出"插入表格"对话框，在"列数"微调框中输入"6"，在"行数"微调框中输入"5"，然后单击"确定"按钮，即可在幻灯片中插入一个 5 行、6 列的表格。在表格中分别输入行标

题 "图书名称""出版社""作者""定价""销量"，移动表格至适当位置，如图 16-9 所示。

4. 创建演示方案

在 "幻灯片放映" 选项卡的 "开始放映幻灯片" 组中单击 "自定义幻灯片放映" 下三角按钮，执行 "自定义放映" 命令，弹出 "自定义放映" 对话框，如图 16-10 所示。

图 16-9　插入表格　　　　　　　　　　图 16-10　"自定义放映" 对话框

单击 "新建" 按钮，弹出 "定义自定义放映" 对话框，如图 16-11 所示，在 "在演示文稿中的幻灯片" 列表框中选择 "1. Microsoft Office 图书策划方案"，单击 "添加" 按钮，将第一张幻灯片添加到 "在自定义放映中的幻灯片" 列表框中。使用相同的方法，分别将第二张、第三张和第四张幻灯片添加到右侧的列表框中，单击 "确定" 按钮，返回到 "自定义放映" 对话框（见图 16-10）。

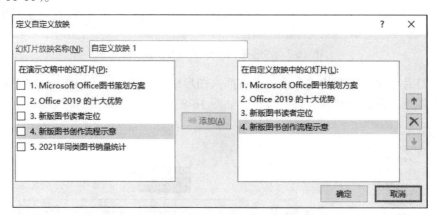

图 16-11　"定义自定义放映" 对话框

图 16-12　新创建的演示方案

单击其中的 "编辑" 按钮，再次打开 "定义自定义放映" 对话框（见图 16-11），在 "幻灯片放映名称" 框中输入 "放映方案 1"，单击 "确定" 按钮，再次返回到 "自定义放映" 对话框，单击 "关闭" 按钮，即可在 "幻灯片放映" 选项卡 "开始放映幻灯片" 组中的 "自定义幻灯片放映" 按钮对应的下拉列表中看到最新创建的 "放映方案 1" 演示方案，如图 16-12 所示。

5. 保存文件

所有操作完成后，单击 "保存" 按钮，将本次制作的演示文稿保存在 "F:\练习\ppt" 文件夹中，文件名为 "策划方案.pptx"。

第二篇　基础测试篇

第一部分 基础知识

测试题 1.1

1. 计算机的硬件系统主要包括_____。

A. 主机、输入/输出设备 B. 运算器和存储器、I/O 设备

C. 运算器、控制器、主存 D. 主机箱和显示器、打印机

2. 在下列字符中，其 ASCII 码值最大的一个是_____。

A. 6 B. T C. a D. F

3. 下列选项中，_____不能与 CPU 直接交换数据。

A. CD-ROM B. ROM C. cache D. RAM

4. 在下列存储器中，只能读出、不能写入的是_____。

A. 硬盘 B. RAM C. ROM D. U 盘

5. 十进制数 68 转换成二进制数是_____。

A. 1000100 B. 1000010 C. 1001000 D. 1010100

6. 目前打印质量最高、速度最快的打印机是_____。

A. 彩喷打印机 B. 24 针打印机 C. 9 针打印机 D. 激光打印机

7. UPS 是指_____。

A. 大功率稳压电源 B. 不间断电源

C. 用户处理系统 D. 联合处理系统

8. 下列外部设备中，属于输出设备的是_____。

A. 键盘 B. 扫描仪 C. 绘图仪 D. 鼠标

9. 与外存储器相比，内存储器_____。

A. 存储量小，处理速度较慢 B. 存储量小，处理速度较快

C. 存储量大，处理速度较慢 D. 存储量大，处理速度较快

10. 第四代计算机的主要元器件采用的是_____。

A. 晶体管 B. 小规模集成电路

C. 电子管 D. 大规模和超大规模集成电路

11. 运算器的主要功能是_____。

A. 进行算术运算 B. 实现逻辑运算

C. 实现加法运算 D. 进行算术运算或逻辑运算

12. 下面列出的四种存储器中，易失性存储器是_____。

A. RAM B. ROM C. PROM D. CD-ROM

13. 常用的输出设备是指_____。

A. 硬盘和内存 B. 键盘和鼠标

C. 打印机和显示器 D. 显示器和扫描仪

14. 下列四条叙述中，属于 RAM 的特点的是_____。

A. 可随机读写数据，断电后数据不会丢失

B. 可随机读写数据，断电后数据将全部丢失

C. 只能顺序读写数据，断电后数据将部分丢失

D. 只能顺序读写数据，断电后数据将全部丢失

15. 液晶显示器的主要技术指标不包括_____。

A. 显示分辨率　　　B. 显示速度　　　　　C. 亮度和对比度　　　D. 存储容量

16. 计算机中数据存储的最小单位是_____。

A. char　　　　　　B. word　　　　　　C. bit　　　　　　　D. byte

17. 十进制数 268 转换成十六进制数是_____。

A. 10B　　　　　　B. 10D　　　　　　C. 10C　　　　　　D. 10E

18. 一个 ASCII 字符用_____字节表示。

A. 1　　　　　　　　B. 2　　　　　　　　C. 3　　　　　　　D. 4

19. 在计算机内部，一切信息的存取、处理和传送的形式是_____。

A. ASCII 码　　　B. 二进制　　　　　C. BCD 码　　　　　D. 十六进制

20. 用高级程序设计语言编写的程序称为_____。

A. 伪代码程序　　B. 目标程序　　　　C. 源程序　　　　　D. 可执行程序

21. 数据和程序是以_____形式存储在磁盘上的。

A. 集合　　　　　　B. 记录　　　　　　C. 目录　　　　　　D. 文件

22. 下列叙述中，正确的选项是_____。

A. 程序语言处理系统是常用的应用软件

B. 计算机系统是由硬件系统和软件系统组成的

C. CPU 可以直接处理外部存储器中的数据

D. 汉字的机内码与汉字的国标码是一种代码的两种名称

23. 在操作系统中，存储管理主要是对_____。

A. 外存的管理　　　　　　　　　　　B. 内存的管理

C. 辅助存储器的管理　　　　　　　　D. 内存和外存的统一管理

24. 操作系统是一种_____软件。

A. 实用　　　　　　B. 应用　　　　　　C. 系统　　　　　　D. 编辑

25. 多媒体计算机能够以_____方式与人交互信息。

A. 文字　　　　　　B. 声音　　　　　　C. 图像和动画　　　D. 上述选项都是

26. 下列关于计算机病毒的说法错误的是_____。

A. 计算机病毒具有隐藏性　　　　　　B. 计算机病毒能自我复制

C. 计算机病毒是一段程序　　　　　　D. 计算机病毒是一种危害计算机的生物病毒

27. 微机感染病毒后，可能造成_____。

A. 显示器损坏　　B. 引导扇区数据损坏　C. 内存条物理损坏　　D. 鼠标损坏

28. 双击的作用是_____。

A. 选择对象　　　　B. 拖动对象　　　　C. 运行对象　　　　D. 复制对象

29. 把内存中的数据传送到计算机的硬盘，称为_____。

A. 读盘　　　　　　B. 输入　　　　　　C. 写盘　　　　　　D. 显示

30. 不是计算机之间"病毒"传播媒介的是_____。

A. 硬盘 　　　B. 鼠标 　　　C. 光盘 　　　D. U 盘

测试题 1.2

1. 计算机按其处理能力可分为_____。

A. 通用机和专用机 　　　　　　B. 电子模拟计算机和电子数字计算机

C. 巨型机、大型机、小型机和微型机 　D. 386、486、586

2. 以下名称是手机中的常用软件,属于系统软件的是_____。

A. QQ 　　　B. 微信 　　　C. TIM 　　　D. Android

3. 在计算机中,_____字节称为 1MB。

A. 10K 　　　B. 1024K 　　　C. 100K 　　　D. 1000K

4. 将二进制数 111110 转换为十进制数是_____。

A. 64 　　　B. 68 　　　C. 62 　　　D. 66

5. 关于二进制代码,下列说法中错误的是_____。

A. 计算机一般都使用二进制代码,用它的某种信息编码方式来表示字符

B. 二进制的基码是 0 和 1

C. 计算机常用的一种二进制代码是 ASCII 码

D. 输入设备能将用户输入的字符转换成二进制代码

6. 存储器容量通常以能存储多少个二进制信息位或多少字节来表示,1 字节是指_____个二进制信息位。

A. 2 　　　B. 8 　　　C. 16 　　　D. 32

7. 某汉字的国标码是 3473H,它的机内码是_____。

A. B4F3H 　　　B. E5E0H 　　　C. E5D0H 　　　D. D5E0H

8. 下列设备中属于计算机输出设备的是_____。

A. 键盘 　　　B. 显示器 　　　C. 摄像头 　　　D. 鼠标

9. 下面关于 USB 的叙述中,错误的是_____。

A. USB 的中文名称为"通用串行总线"

B. USB 2.0 的数据传输率大大高于 USB 1.1

C. USB 具有热插拔与即插即用功能

D. USB 接口连接的外部设备(如移动硬盘、U 盘等)必须另外供应电源

10. 显示器过热将会导致_____。

A. 出现丢失文件 　B. 出现蓝屏 　　C. 色彩、图像失真 　D. 调试软件出错

11. 鼠标器是一种_____。

A. 输入设备 　　B. 存储器 　　　C. 输出设备 　　　D. 运算控制单元

12. 字长是 CPU 的主要性能指标之一,它表示_____。

A. CPU 一次能处理二进制数据的位数 　B. 最长的十进制整数的位数

C. 最大的有效数字位数 　　　　　　D. 有效数字位数

13. 计算机的存储单元中存储的内容_____。

A. 只能是数据 　B. 只能是程序 　　C. 可以是数据和指令 　D. 只能是指令

14. 内存储器又称为_____。

A. 主存储器　　　　B. ROM　　　　　　C. PROM　　　　　　D. 辅助存储器

15. RAM 具有的特点是_____。

A. 海量存储

B. 存储在其中的数据不能改写

C. 一旦断电，存储在其中的信息将全部消失且无法恢复

D. 存储在其中的信息可以永久保存

16. 计算机今后的发展趋势是_____。

A. 数字化、网络化、智能化　　　　　B. 微型化、一体化、智能化

C. 微型化、网络化、智能化　　　　　D. 微型化、网络化、自动化

17. 磁盘的存取单位是_____。

A. 柱面　　　　　　B. 磁道　　　　　　C. 扇区　　　　　　D. 字节

18. 在微机的硬件系统组成中，控制器与运算器的集成称为_____。

A. BUS　　　　　　B. CPU　　　　　　C. RAM　　　　　　D. ROM

19. 计算机存储器中，1 字节由_____位二进制位组成。

A. 7　　　　　　　B. 8　　　　　　　C. 6　　　　　　　D. 5

20. 7 位二进制数字最大能表示的十进制整数是_____。

A. 64　　　　　　　B. 65　　　　　　　C. 127　　　　　　　D. 128

21. 计算机病毒的最终目的在于_____。

A. 寄生在计算机中　　　　　　　B. 传播计算机病毒

C. 丰富原有系统的软件资源　　　D. 干扰和破坏系统的软、硬件资源

22. 在计算机中，每个存储单元都有一个连续的编号，此编号称为_____。

A. 地址　　　　　　B. 位置号　　　　　　C. 门牌号　　　　　　D. 房号

23. 无符号二进制整数 111111 转换成十进制数是_____。

A. 61　　　　　　　B. 62　　　　　　　C. 63　　　　　　　D. 65

24. 在微型计算机中，应用最普遍的字符编码是_____。

A. ASCII 码　　　　B. BCD 码　　　　　C. 汉字编码　　　　　D. 补码

25. 计算机能直接识别的程序是_____。

A. 源程序　　　　　B. 机器语言程序　　C. 低级语言程序　　D. 汇编语言程序

26. 下列关于机器语言的说法中，错误的是_____。

A. 机器语言是用"助记符"说明操作码　B. 机器语言由二进制代码组成

C. 机器语言是计算机能直接识别的语言　D. 机器语言是机器指令的集合

27. 操作系统是计算机系统中的_____。

A. 外部设备　　　　　　　　　　B. 广泛使用的应用软件

C. 核心系统软件　　　　　　　　D. 关键的硬件部件

28. 计算机高级语言的编译系统按软件分类来看，属于_____。

A. 系统软件　　　　B. 操作系统　　　　C. 应用软件　　　　D. 数据库管理系统

29. 下列软件属于应用软件的是_____。

A. Ubuntu　　　　　B. Linux　　　　　　C. Windows　　　　　D. Office 办公软件

30. 一个计算机软件由_____组成。

A. 系统软件和应用软件 　　　　　B. 编辑软件和应用软件

C. 数据库软件和工具软件 　　　　D. 程序和相应文档

测试题 1.3

1. 在计算机中，采用_____进制进行运算。

A. 八 　　　　　B. 十 　　　　　C. 二 　　　　　D. 十六

2. 操作系统的功能是_____。

A. 解释用户命令 　　　　　　　　B. 启动微机系统

C. 为用户提供操作命令 　　　　　D. 管理计算机的软、硬件资源

3. ASCII 码用于表示_____编码。

A. 字符 　　　　B. 数字 　　　　C. 模拟 　　　　D. 数模

4. 下列各不同进制的四个无符号数中，最小的数是_____。

A. 二进制：11011001 　　　　　　B. 八进制：37

C. 十进制：75 　　　　　　　　　D. 十六进制：2A

5. 下列等式中，正确的是_____。

A. 1KB=1024×1024B 　　　　　　B. 1MB=1024B

C. 1KB=1024MB 　　　　　　　　D. 1MB=1024×1024B

6. 将二进制数 1100110 转换成十进制数是_____。

A. 103 　　　　B. 102 　　　　C. 101 　　　　D. 104

7. 十六进制的基码共_____个。

A. 2 　　　　　B. 10 　　　　　C. 16 　　　　　D. 8

8. 十进制数 232 转换成十六进制数为_____。

A. D8 　　　　B. E8 　　　　C. E9 　　　　D. EA

9. 在 ASCII 码表中，按照 ASCII 码值从大到小排列顺序是_____。

A. 数字、英文大写字母、英文小写字母

B. 数字、英文小写字母、英文大写字母

C. 英文大写字母、英文小写字母、数字

D. 英文小写字母、英文大写字母、数字

10. 小写字母"c"的 ASCII 码为十进制数 99，ASCII 码为十进制数 67 的字母是_____。

A. B 　　　　B. C 　　　　C. D 　　　　D. E

11. 计算机中的一个_____是由八个二进制位组成的。

A. 字 　　　　B. 字节 　　　　C. ASCII 码 　　　　D. 汉字代码

12. 不属于计算机外部设备的是_____。

A. 主存储器 　　B. 显示器 　　C. 鼠标 　　　　D. 打印机

13. 微机系统与外部交换信息主要通过_____。

A. 输入/输出设备 　　　　　　　B. 键盘

C. 光盘 　　　　　　　　　　　　D. 内存

14. 下列各组设备中，完全属于外部设备的一组是＿＿＿＿＿＿＿＿。

A. 内存储器、磁盘和打印机　　　　B. CPU、软盘驱动器和 RAM

C. CPU、显示器和键盘　　　　　　D. 硬盘、软盘驱动器、键盘

15. 内存储器有随机存储器和＿＿＿＿＿＿＿＿。

A. ROM　　　　B. RAM　　　　C. 磁盘存储器　　　　D. 磁带存储器

16. 计算机主机中包括＿＿＿＿＿＿＿＿。

A. 运算器　　　　B. 控制器　　　　C. 存储器　　　　D. 各选项都包括

17. 计算机术语中 CPU 是指＿＿＿＿＿＿＿＿。

A. 运算器　　　　B. 中央处理器　　　　C. 控制器　　　　D. 存储器

18. 下列软件中，属于应用软件的是＿＿＿＿＿＿＿＿。

A. UNIX　　　　B. Linux　　　　C. Windows 10　　　　D. PowerPoint 2019

19. 不小心掉入的小螺丝之类的导电物可能会卡在主板的元器件之间从而引发＿＿＿＿＿＿＿＿现象。

A. 短路　　　　B. 断路　　　　C. 电路破损　　　　D. 烧毁

20. 文件型病毒感染的主要对象是＿＿＿＿＿＿＿＿类文件。

A. .WPS 和 .EXE　　　　　　B. .COM 和 .EXE

C. .DBF 和 .COM　　　　　　D. .TXT 和 .WPS

21. 用高级程序设计语言编写的程序＿＿＿＿＿＿＿＿。

A. 计算机能直接执行　　　　　　B. 具有良好的可读性和可移植性

C. 执行效率高　　　　　　　　　D. 依赖于具体机器

22. 早期的计算机语言中，所有的指令、数据都用一串二进制数 0 和 1 表示，这种语言称为＿＿＿＿＿＿＿＿。

A. Python 语言　　　B. 机器语言　　　C. 汇编语言　　　D. C 语言

23. 下列说法不正确的是＿＿＿＿＿＿＿＿。

A. 计算机对我们的生活影响越来越大

B. 计算机技术已经成为人们应该掌握的基本技能

C. 计算机已经能模拟人脑的所有功能，包括情感和学习

D. 用计算机对各种生产过程进行控制，不仅可提高效率，而且可提高质量

24. 在以下存储设备中，＿＿＿＿＿＿＿＿存取速度最快。

A. Cache　　　　B. 硬盘　　　　C. U 盘　　　　D. 虚拟内存

25. Office 2019 属于＿＿＿＿＿＿＿＿软件。

A. 系统　　　　B. 计算机　　　　C. 应用　　　　D. 办公

26. 计算机的软件系统可分为＿＿＿＿＿＿＿＿。

A. 程序和数据　　　　　　B. 操作系统和语言处理系统

C. 程序、数据和文档　　　　D. 系统软件和应用软件

27. 程序是完成一定处理功能的＿＿＿＿＿＿＿＿有序集合。

A. 指令　　　　B. 编码　　　　C. 软件　　　　D. 字节

28. 一条计算机指令中，通常包含＿＿＿＿＿＿＿＿。

A. 数据和字符　　　　　　B. 被运算数和结果

C. 运算符和数据　　　　　　D. 操作码和操作数

29. 在计算机中，指令主要存放在_____中。

A. 运算器　　　　B. 键盘　　　　　C. 存储器　　　　　D. 鼠标器

30. 一个完整的计算机系统应该包括_____。

A. 主机、键盘和显示器　　　　　　B. 硬件系统和软件系统

C. 主机和其他外部设备　　　　　　D. 系统软件和应用软件

测试题 1.4

1. 十六进制数 AF 转换成十进制数是_____。

A. 168　　　　　B. 175　　　　　C. 180　　　　　D. 191

2. 计算机存储器中，组成 1 字节的二进制位数是_____。

A. 4　　　　　　B. 8　　　　　　C. 16　　　　　　D. 32

3. 目前，在计算机中最普遍采用的符号编码是_____。

A. GB 2312—1980　　　　　　　　B. ASCII 码

C. 汉字编码　　　　　　　　　　　D. 英文字母

4. 计算机体系结构的设计思想是由_____提出的。

A. 冯·诺依曼　　B. 图灵　　　　　C. 肖特　　　　　D. 比尔·盖茨

5. 64 位微机是指它所用的 CPU_____。

A. 一次能处理 64 位二进制数　　　B. 能处理 64 位十进制数

C. 只能处理 64 位二进制定点数　　D. 有 64 个寄存器

6. 无符号二进制整数 10111 转变成十进制整数，其值是_____。

A. 17　　　　　　B. 19　　　　　　C. 21　　　　　　D. 23

7. 计算机断电后，会使存储的数据丢失的存储器是_____。

A. U 盘　　　　　B. 光盘　　　　　C. RAM　　　　　D. 硬盘

8. CPU 主要由运算器和_____组成。

A. 控制器　　　　B. 存储器　　　　C. 寄存器　　　　D. 编辑器

9. 微型计算机硬件系统中最核心的部件是_____。

A. 主板　　　　　B. 内存储器　　　C. CPU　　　　　D. I/O 设备

10. 计算机中的 CPU 由_____。

A. 内存储器和外存储器组成　　　　B. 微处理器和内存储器组成

C. 运算器和控制器组成　　　　　　D. 运算器和寄存器组成

11. CPU 的中文名称是_____。

A. 控制器　　　　B. 不间断电源　　C. 中央处理器　　D. 算术逻辑部件

12. 能将计算机运行结果以可见的方式向用户展示的部件是_____。

A. 控制器　　　　B. 存储器　　　　C. 输入设备　　　D. 输出设备

13. 微型计算机中，控制器的基本功能是_____。

A. 实现算术运算和逻辑运算　　　　B. 控制机器各个部件协调一致地工作

C. 保持各种控制状态　　　　　　　D. 存储各种控制信息

14. 磁盘的磁面是由很多个半径不同的同心圆构成的，这些同心圆称为_____。

A. 扇区（sector）　　　　　　　　B. 磁道（track）

C. 磁柱（cylinder）   D. 其他三个答案都不对

15. 各种应用软件都必须在_____的支持下运行。

A. 计算机语言程序   B. 编程程序

C. 字处理程序   D. 操作系统

16. 用高级语言编写的程序必须经过_____翻译成机器语言程序，计算机才能执行。

A. 低级语言   B. 汇编程序   C. 编译程序   D. 汇编语言

17. Windows 中可以设置、控制计算机硬件配置和修改显示属性的应用程序是_____。

A. Word   B. Excel   C. 控制面板   D. 资源管理器

18. CPU 的主要性能指标是_____。

A. 可靠性   B. 字长和时钟主频   C. 耗电量和效率   D. 发热量和冷却效率

19. 除硬件外，计算机系统不可缺少的另一部分是_____。

A. 软件   B. 数据   C. 网络   D. 指令

20. 组成计算机硬件系统的基本部分是_____。

A. CPU、键盘和显示器   B. 主机和输入/输出设备

C. CPU 和输入/输出设备   D. CPU、硬盘、键盘和显示器

21. 下列四条叙述中，属于 RAM 的特点的是_____。

A. 可随机读写数据，断电后数据不会丢失

B. 可随机读写数据，断电后数据将全部丢失

C. 只能顺序读写数据，断电后数据将部分丢失

D. 只能顺序读写数据，断电后数据将全部丢失

22. 下列设备中，计算机与用户进行信息交换的设备是_____。

A. 外存储器中的磁盘   B. 输入/输出设备

C. 内存储器   D. 显示器和打印机

23. 计算机上广泛使用的 Windows 是_____。

A. 批处理操作系统   B. 实时操作系统

C. 单任务操作系统   D. 多任务操作系统

24. 用计算机进行资料检索工作属于计算机应用中的_____。

A. 科学计算   B. 数据处理   C. 实时控制   D. 人工智能

25. 为了避免混淆，十六进制数在书写时常在后面加上字母_____。

A. H   B. O   C. D   D. B

26. 下列因素中，对微型计算机工作影响最小的是_____。

A. 温度   B. 湿度   C. 磁场   D. 噪声

27. 下列说法中，错误的是_____。

A. 内存容量用"位"（bit）作为单位   B. 一字节由八位二进制码组成

C. 一个二进制码称为"位"   D. 字节是存储器存储信息的基本单位

28. 计算机之所以按人们的意志自动进行工作，最直接的原因是采用了_____。

A. 二进制数制   B. 高速电子元件   C. 存储程序控制   D. 程序设计语言

29. 微型计算机硬件系统的性能主要取决于_____。

A. 微处理器   B. 内存储器   C. 显示适配卡   D. 硬磁盘存储器

30. 微处理器处理的数据基本单位为字，一个字的长度通常是_____。

A. 16 个二进制位　　　　　　　　　B. 32 个二进制位

C. 64 个二进制位　　　　　　　　　D. 与 CPU 芯片有关

测试题 1.5

1. 一般认为，信息是一种_____。

A. 预测　　　　　　B. 数据　　　　　　C. 知识　　　　　　D. 文字

2. 计算机中采用的标准 ASCII 编码用 7 位二进制数表示一个字符，ASCII 编码集能有_____个不同的代码。

A. 32　　　　　　　B. 64　　　　　　　C. 127　　　　　　D. 128

3. 以下关于计算机语言的说法中，错误的是_____。

A. 高级语言与计算机硬件有关

B. 机器语言由二进制代码组成

C. 用汇编语言编写的符号程序，计算机不能直接执行

D. 源程序是指用汇编语言及各种高级语言编写的程序

4. 在计算机领域中，通常用英文单词 Byte 来表示_____。

A. 二进制位　　　　B. 字长　　　　　　C. 字　　　　　　　D. 字节

5. 下列各存储器中，存取速度最快的一种是_____。

A. U 盘　　　　　　B. SSD　　　　　　C. 光盘　　　　　　D. RAM

6. 计算机向使用者传递计算、处理结果的设备称为_____。

A. 存储器　　　　　B. 微处理器　　　　C. 输入设备　　　　D. 输出设备

7. 配置高速缓冲存储器（Cache）是为了解决_____。

A. 内存与辅助存储器之间速度不匹配问题

B. CPU 与辅助存储器之间速度不匹配问题

C. 主机与外设之间速度不匹配问题

D. CPU 与内存储器之间速度不匹配问题

8. 一台完整的计算机硬件系统是由存储器、输入/输出设备和_____组成的。

A. 中央处理器　　　B. 控制器　　　　　C. 驱动器　　　　　D. 加法器

9. 用户可用内存通常是指_____。

A. cache　　　　　　B. ROM　　　　　　C. RAM　　　　　　D. CD-ROM

10. 将高级语言的源程序转换为机器指令的软件是_____。

A. 操作系统　　　　B. 监控程序　　　　C. 解释程序　　　　D. 汇编程序

11. 操作系统的作用是_____。

A. 用户操作规范　　　　　　　　　　B. 管理计算机的硬件系统

C. 管理计算机系统的所有资源　　　　D. 管理计算机的软件系统

12. 磁盘上的磁道是_____。

A. 一组记录密度不同的同心圆　　　　B. 一组记录密度相同的同心圆

C. 一条阿基米德螺旋线　　　　　　　D. 两条阿基米德螺旋线

13. 输入设备是指_____。

A. 磁盘、光盘等 　　　　　　　　B. 键盘、鼠标器和打印机等

C. 从计算机外部获取信息的设备 　　D. 从磁盘上读取信息的电子线路

14. 在计算机中一字节可存放的最大二进制数是_____。

A. 128 　　　　B. 255 　　　　C. 256 　　　　D. 516

15. 声音与视频信息在计算机内的表现形式是_____。

A. 模拟与数字 　　B. 调制 　　　　C. 模拟 　　　　D. 二进制数字

16. 下面说法中，错误的是_____。

A. 人们通常根据实际需要和习惯来选择数制

B. 所有计数制都是按"逢十进一"的原则计数的

C. 计算机中常用的计数制有十进制、二进制、八进制和十六进制

D. 计数制是人们利用数学符号按进位原则进行数据大小计算的方法

17. 以 txt 为扩展名的文件通常是_____。

A. 文本文件 　　B. 音频信号文件 　　C. 图像文件 　　D. 视频信号文件

18. 字节是_____。

A. 字长 　　　　　　　　　　　　B. 一个地址

C. 一个二进制位 　　　　　　　　D. 存储器存储信息的基本单位

19. 以下说法中，错误的是_____。

A. 高级语言编写的源程序计算机可直接执行

B. 编译方式把高级语言源程序全部转换成机器指令并产生目标程序

C. 各种高级语言有其专用的编译或解释程序

D. 解释方式不形成目标程序

20. 下列关于计算机病毒的说法正确的是_____。

A. 计算机病毒能自我复制 　　　　B. 计算机病毒不能发现

C. 计算机病毒会感染计算机用户 　D. 计算机病毒是一种危害计算机的生物病毒

21. 计算机病毒没有的特点是_____。

A. 传染性 　　B. 潜伏性 　　　　C. 隐藏性 　　　　D. 广泛性

22. 十进制整数 64 转换为二进制整数等于_____。

A. 1000110 　　B. 1000000 　　C. 1000010 　　D. 1111100

23. 通常计算机硬件由输入设备、_____和输出设备五部分组成。

A. 控制器、寄存器、存储器 　　　B. 控制器、运算器、寄存器

C. 运算器、控制器、存储器 　　　D. 寄存器、存储器、运算器

24. 在微型计算机中，bit 的中文含义是_____。

A. 字 　　　　　B. 字节 　　　　C. 双字 　　　　D. 比特

25. 二进制的基码共_____个。

A. 1 　　　　　B. 8 　　　　　C. 2 　　　　　D. 10

26. 计算机病毒的特征有_____。

A. 传播性、潜伏性、安全性 　　　B. 潜伏性、破坏性、易读性

C. 传播性、潜伏性、破坏性 　　　D. 传播性、破坏性、易读性

27. 计算机存储容量的基本单位是_____。

A. 字节　　　　　　B. 兆字节　　　　　　C. 千字节　　　　　　D. 千兆字节

28. 计算机软件一般包括系统软件和_____。

A. 文字处理软件　　　　　　　　B. 应用软件

C. 管理软件　　　　　　　　　　D. 计算软件

29. 通常所说的 I/O 设备指的是_____。

A. 输入/输出设备　　　　　　　　B. 网络设备

C. 通信设备　　　　　　　　　　D. 控制设备

30. 在微机的硬件系统中，_____是计算机的记忆部件。

A. 控制器　　　　B. 中央处理器　　　　C. 运算器　　　　D. 存储器

测试题 1.6

1. 无处不在的人脸识别技术是计算机在_____方面的应用。

A. 人工智能　　　B. 数据处理　　　　C. 过程处理　　　　D. 计算机辅助设计

2. 在计算机中，组成一字节的二进制位的位数是_____。

A. 4　　　　　　B. 6　　　　　　　C. 7　　　　　　　D. 8

3. "64 位计算机"中的 64，是指下列技术指标中的_____。

A. CPU 功耗　　　B. CPU 字长　　　C. CPU 型号　　　D. CPU 主频

4. 计算机病毒是_____。

A. 计算机硬件的故障　　　　　　B. 计算机软件的故障

C. 计算机运行的错误　　　　　　D. 人为编制的具有传染性的程序

5. 将十进制数 18 转换成二进制数是_____。

A. 10110　　　　B. 10001　　　　C. 10010　　　　D. 10000

6. 在计算机存储中 10MB 表示_____。

A. 10000KB　　　B. 10240B　　　C. 10000B　　　D. 10240KB

7. 汉字的国家标准的编码原则：一个汉字用_____字节表示。

A. 1　　　　　　B. 2　　　　　　C. 128　　　　　D. 1024

8. 将十进制数 139 转换成二进制数是_____。

A. 10001111　　　B. 10001100　　　C. 10001010　　　D. 10001011

9. 显示器的参数：1920×1080，它表示_____。

A. 显示器屏幕大小　　　　　　　B. 显示器颜色指标

C. 显示器分辨率　　　　　　　　D. 显示每个字符的列数和行数

10. 下列文件的扩展名中，表示声音文件的是_____。

A. docx　　　　　B. xlsx　　　　　C. wav　　　　　D. bmp

11. 检查货物包装上的条形码，对于计算机而言属于_____。

A. 输入　　　　B. 输出　　　　　C. 显示　　　　　D. 打印

12. 计算机具有很强的记忆能力的基础是_____。

A. 大容量存储装置　　　　　　　B. 自动编程

C. 逻辑判断能力　　　　　　　　　　　　D. 通用性强

13. 在计算机中访问下面几个部件时，速度最快的是_____。

A. RAM　　　　　　B. 硬盘　　　　　　C. U 盘　　　　　　D. 光盘

14. 通用计算机内存容量的大小，一般是指_____。

A. ROM 的容量　　B. cache 的容量　　　C. RAM 的容量　　　D. SRAM 的容量

15. 1 MB 的准确数量是_____。

A. 1024×1024 字　　　　　　　　　　　B. 1024×1024 字节

C. 1000×1000 字节　　　　　　　　　　D. 1000×1000 字

16. 在计算机中采用二进制，是因为_____。

A. 可降低硬件成本　　　　　　　　　　B. 两个状态的系统具有稳定性

C. 二进制的运算法则简单　　　　　　　D. 上述三个原因

17. 以 mp4 为扩展名的文件通常是_____。

A. 文本文件　　　　B. 音频信号文件　　C. 图像文件　　　　D. 视频信号文件

18. 在计算机中，信息的最小单位是_____。

A. 字节　　　　　　B. 位　　　　　　　C. 字　　　　　　　D. KB

19. 一般情况下，外存储器中存放的数据在断电后_____失去。

A. 少量　　　　　　B. 多数　　　　　　C. 完全　　　　　　D. 不会

20. 下列两个二进制数进行算术加运算，1101+101=_____。

A. 10100　　　　　　B. 10010　　　　　　C. 10001　　　　　　D. 10110

21. 计算机内部，信息的存取、处理都是以_____进行的。

A. ASCII 码　　　　B. 二进制　　　　　C. 十六进制　　　　D. EBCDIC 码

22. 英文缩写 CAI 的中文意思是_____。

A. 计算机辅助设计　　　　　　　　　　B. 计算机辅助制造

C. 计算机辅助教学　　　　　　　　　　D. 计算机辅助管理

23. 设任意一个十进制整数为 D，转换成二进制数为 B。根据数制的概念，下列叙述中正确的是_____。

A. 数字 B 的位数<数字 D 的位数　　　B. 数字 B 的位数≤数字 D 的位数

C. 数字 B 的位数≥数字 D 的位数　　　D. 数字 B 的位数>数字 D 的位数

24. 在外部设备中，扫描仪属于_____。

A. 输出设备　　　　B. 存储设备　　　　C. 输入设备　　　　D. 特殊设备

25. 计算机软件系统包括_____。

A. 系统软件和应用软件　　　　　　　　B. 编译系统和应用软件

C. 数据库管理系统和数据库　　　　　　D. 程序和文档

26. 用高级程序设计语言编写的程序,要转换成等价的可执行程序,必须经过_____。

A. 汇编　　　　　　B. 编辑　　　　　　C. 编译和连接　　　D. 解释

27. 将目标程序（.OBJ）转换成可执行文件（.EXE）的程序称为_____。

A. 编辑程序　　　　B. 编译程序　　　　C. 链接程序　　　　D. 汇编程序

28. 一个完整的计算机系统应该包括_____。

A. 主机、键盘和显示器　　　　　　　　B. 硬件系统和软件系统

C. 主机和它的外部设备　　　　　　　　D. 系统软件和应用软件

29. CPU、存储器、I/O 设备是通过_____连接起来的。

A. 接口　　　　　　　B. 系统文件　　　　　　C. 总线　　　　　　　D. 控制线

30. 在现代的 CPU 芯片中集成了高速缓冲存储器（cache），其作用是_____。

A. 扩大内存储器的容量

B. 解决 CPU 与 RAM 之间的速度不匹配问题

C. 解决 CPU 与打印机的速度不匹配问题

D. 保存当前的状态信息

测试题 1.7

1. 磁盘上的磁道是_____。

A. 一组记录密度相同的同心圆　　　　　　B. 一组记录密度相同的阿基米德螺旋线

C. 一组记录密度不同的同心圆　　　　　　D. 一组记录密度不同的阿基米德螺旋线

2. 计算机中，运算器的主要功能是进行_____。

A. 逻辑运算　　　　　　　　　　　　　　B. 算术运算

C. 算术运算和逻辑运算　　　　　　　　　D. 复杂方程的求解

3. 十进制数 118 转换为二进制数为_____。

A. 1110110　　　　B. 111001　　　　C. 1001111　　　　D. 100111

4. 八进制的基码共_____个。

A. 2　　　　　　　　B. 10　　　　　　　C. 16　　　　　　　D. 8

5. 在微机的硬件设备中，有一种设备在程序设计中既可以当作输出设备，又可以当作输入设备，这种设备是_____。

A. 绘图仪　　　　　　B. 扫描仪　　　　　　C. 手写笔　　　　　　D. 磁盘驱动器

6. 计算机中，1 GB 的准确值等于_____。

A. 1024 B　　　　　B. 1000 KB　　　　　C. 1024 MB　　　　　D. 1000 KB

7. 信息高速公路的主要基础设施是_____。

A. 基础网　　　　　　B. 城域网　　　　　　C. 互联网　　　　　　D. 局域网

8. 计算机中，英文字符所采用的编码是_____。

A. EBCDIC 码　　　　B. ASCII 码　　　　　C. 原码　　　　　　　D. BCD 码

9. 1983 年，我国第一台亿次巨型电子计算机诞生了，它的名称是_____。

A. 东方红　　　　　　B. 神威　　　　　　　C. 曙光　　　　　　　D. 银河

10. 静态 RAM 的特点是_____。

A. 在不断电的情况下，信息在静态 RAM 中保持不变，所以不必定期刷新就能永久保存信息

B. 在不断电的情况下，信息在静态 RAM 中不能永久无条件保存，必须定期刷新才不致丢失信息

C. 静态 RAM 中的信息只能读不能写

D. 静态 RAM 中的信息断电后也不会丢失

11. 显示器最好远离_____。

A. 电磁场　　　　B. 磁性物质　　　　C. 永久磁铁　　　　D. 上述选项都是

12. 某超市的管理软件属于_____。

A. 工具软件　　　B. 系统软件　　　　C. 应用软件　　　　D. 字处理软件

13. 下列设备组中，完全属于输出设备的一组是_____。

A. 键盘、显示器、扫描仪　　　　　　B. 激光打印机、键盘、鼠标

C. 键盘、扫描仪、手写板　　　　　　D. 打印机、显示器、音响喇叭

14. 在计算机网络中，通常把提供并管理共享资源的计算机称为_____。

A. 服务器　　　　B. 工作站　　　　　C. 网关　　　　　　D. 网桥

15. 下列两个二进制数进行算术减运算，1100−11=_____。

A. 1100　　　　　B. 1101　　　　　　C. 1001　　　　　　D. 1110

16. 在下列字符中，其 ASCII 码值最小的一个是_____。

A. 空格字符　　　B. 0　　　　　　　 C. A　　　　　　　 D. a

17. 下列的英文缩写和中文名字的对照中，错误的是_____。

A. WAN——广域网　　　　　　　　　B. ISP——因特网服务提供商

C. USB——不间断电源　　　　　　　D. RAM——随机存取存储器

18. 在计算机内部用来传送、存储、加工处理的数据或指令都是以_____形式进行的。

A. 十进制码　　　B. 二进制码　　　　C. 八进制码　　　　D. 十六进制码

19. 以 wav 为扩展名的文件通常是_____。

A. 文本文件　　　B. 视频信号文件　　C. 图像文件　　　　D. 音频信号文件

20. 下面列出的 4 种存储器中，易失性存储器是_____。

A. FROM　　　　 B. ROM　　　　　　C. RAM　　　　　　D. CD-ROM

21. 配置 cache 是为了解决_____。

A. 主机与外部设备之间速度不匹配问题

B. CPU 与外存之间速度不匹配问题

C. CPU 与内存之间速度不匹配问题

D. 内存与外存之间速度不匹配问题

22. 以下有关操作系统的叙述中，哪一个是不正确的？_____

A. 操作系统管理系统中的各种资源　　B. 操作系统为用户提供良好的界面

C. 操作系统就是资源的管理者　　　　D. 操作系统是计算机系统中的一个应用软件

23. 以下关于 WinRAR 的描述中，错误的是_____。

A. 使用 WinRAR 可以进行分卷压缩

B. 使用 WinRAR 进行解压缩时，必须一次性解压缩压缩包中的所有文件，而不能解压缩其中的个别文件

C. 使用 WinRAR 可以制作自解压的 EXE 文件

D. 双击 RAR 压缩包打开 WinRAR 窗口后，一般可以直接双击其中的文件进行查看

24. 在查找文件时，通配符"*"与"?"的含义是_____。

A. "*"表示任意多个字符，"?"表示任意一个字符

B. "?"表示任意多个字符，"*"表示任意一个字符

C. "*"和"?"表示乘号和问号

D. 查找"＊．？"与"？．＊"的文件是一致的

25. 2 GB 等于_____。

A. 2×1000 字节　　　　　　　　　　B. 2×1000×1000 字节

C. 2×1024 字节　　　　　　　　　　D. 2×1024×1024 字节

26. 在文件系统的树形目录结构中，从根目录到任何数据文件，其通路有_____。

A. 二条　　　　　B. 唯一的一条　　　　C. 三条　　　　D. 多于三条

27. 通常所说的"裸机"是指计算机仅有_____。

A. 软件　　　　　B. 硬件系统　　　　C. 指令系统　　　　D. CPU

28. 在微型计算机中，微处理器芯片上集成的是_____。

A. 控制器和运算器　　　　　　　　B. 控制器和存储器

C. CPU 和控制器　　　　　　　　　D. 运算器和 I/O 接口

29. 早期的 BASIC 语言采用_____方法将源程序转换成机器语言。

A. 汇编　　　　　B. 解释　　　　　C. 编译　　　　　D. 编辑

30. 显示器的分辨率的高、低表示_____。

A. 在同一字符面积下，所需的像素点越多，其分辨率越低

B. 在同一字符面积下，所需的像素点越多，其显示的字符越不清楚

C. 在同一字符面积下，所需的像素点越多，其分辨率越高

D. 在同一字符面积下，所需的像素点越少，其字符的分辨效果越好

测试题 1.8

1. 微型计算机主机的主要组成部分是_____。

A. 运算器和控制器　　　　　　　　B. CPU 和内存储器

C. CPU 和硬盘存储器　　　　　　　D. CPU、内存储器和硬盘

2. 计算机的硬件主要包括：中央处理器（CPU）、存储器、输出设备和_____。

A. 键盘　　　　　B. 鼠标　　　　　C. 输入设备　　　　D. 显示器

3. 存储器可分为_____。

A. 内存储器和外存储器　　　　　　B. 硬盘与软盘

C. RAM 和 ROM　　　　　　　　　D. ROM 和 EPROM

4. 十进制数 15 转换成二进制数是_____。

A. 1111　　　　　B. 1101　　　　　C. 1001　　　　　D. 1011

5. 微型计算机硬件系统中最核心的部件是_____。

A. 硬盘　　　　　B. I/O 设备　　　　C. 内存储器　　　　D. CPU

6. 二进制数 111010 转换成十进制数是_____。

A. 29　　　　　B. 58　　　　　C. 42　　　　　D. 50

7. 下列叙述中，正确的是_____。

A. CPU 能直接读取硬盘上的数据　　B. CPU 能直接存取内存储器中的数据

C. CPU 由存储器和控制器组成　　　D. CPU 主要用来存储程序和数据

8. 计算机中所有信息的存储都采用_____。

A. 二进制　　　　　B. 八进制　　　　　C. 十进制　　　　　D. 十六进制

9. 下面是关于解释程序和编译程序的叙述，其中正确的一条是_____。

A. 编译程序不能产生目标程序而解释程序能产生目标程序

B. 编译程序、解释程序均能产生目标程序

C. 编译程序、解释程序均不能产生目标程序

D. 编译程序能产生目标程序，解释程序不能产生目标程序

10. 通常所说的 I/O 设备指的是_____。

A. 输入/输出设备　　　　　　　　　　B. 通信设备

C. 网络设备　　　　　　　　　　　　D. 控制设备

11. 下列叙述中，错误的是_____。

A. 把数据从内存传输到硬盘叫写盘

B. 把源程序转换为目标程序的过程叫编译

C. 应用软件对操作系统没有任何要求

D. 计算机内部对数据的传输、存储和处理都使用二进制

12. 下列设备中，属于计算机外部设备的是_____。

A. 运算器　　　　B. 控制器　　　　C. CD-ROM　　　　D. 主存储器

13. 下列字符中，ASCII 码值最小的是_____。

A. a　　　　　　B. B　　　　　　C. x　　　　　　D. Y

14. 下列选项中，不属于计算机病毒特征的是_____。

A. 破坏性　　　　B. 潜伏性　　　　C. 传染性　　　　D. 免疫性

15. 计算机中，1 MB 的准确含义是_____。

A. 1024 KB　　　B. 1024 字节　　　C. 1000 KB　　　D. 1000×1000 字节

16. 根据汉字国标码 GB 2312—1980 的规定，一级常用汉字数是_____。

A. 1501 个　　　　B. 1690 个　　　　C. 3008 个　　　　D. 3775 个

17. 下列设备组中，完全属于计算机输出设备的一组是_____。

A. 喷墨打印机、显示器、键盘　　　　B. 键盘、鼠标器、扫描仪

C. 打印机、绘图仪、显示器　　　　　D. 激光打印机、键盘、鼠标器

18. 数据库管理系统提供的数据语言包括_____。

A. 数据库操作语言　　　　　　　　　B. 数据库描述语言

C. 数据库描述语言和数据库操作语言　　D. 高级语言

19. 操作系统的主要功能是_____。

A. 对用户的数据文件进行管理，为用户管理文件提供方便

B. 对计算机的所有资源进行统一控制和管理，为用户使用计算机提供方便

C. 对源程序进行编译和运行

D. 对汇编语言程序进行翻译

20. 下列叙述中，正确的一条是_____。

A. 十进制数 101 的值大于二进制数 1000001

B. 所有十进制小数都能准确地转换为有限位的二进制小数

C. 十进制数 66 的值小于八进制数 46 的值

D. 二进制的乘法规则比十进制复杂

21. 下列各类计算机程序语言中，＿＿＿＿＿＿＿不是高级程序设计语言。

A. 机器语言 B. FORTRAN 语言

C. Pascal 语言 D. FoxBASE 数据库语言

22. 目前普遍使用的微型计算机，所采用的逻辑元件是＿＿＿＿＿＿。

A. 电子管 B. 大规模和超大规模集成电路

C. 晶体管 D. 小规模集成电路

23. 为使本系统开发的软、硬件推广到多种系统中，需考虑本系统的＿＿＿＿＿＿。

A. 可靠性 B. 兼容性 C. 可扩充性 D. 可用性

24. 微型计算机的主频在很大程度上决定了计算机的运行速度，它是指＿＿＿＿＿＿。

A. 微处理器时钟工作频率 B. 单位时间的指令条数

C. 计算机的运行速度 D. 单位时间的存取数量

25. 一般来说，数字化声音的质量越高，则要求＿＿＿＿＿＿。

A. 量化位数越少，采样率越低 B. 量化位数越多，采样率越高

C. 量化位数越少，采样率越高 D. 量化位数越多，采样率越低

26. 在 Windows 中，"画图"程序默认的保存文件类型是＿＿＿＿＿＿。

A. *.png B. *.bmp C. *.cpp D. *.MP4

27. WinRAR 不能实现的功能有＿＿＿＿＿＿。

A. 对多个文件进行分卷压缩

B. 双击一个压缩包文件将其自动解压到当前文件夹

C. 使用右键快捷菜单中的命令在当前目录下快速创建一个 RAR 压缩包

D. 给压缩包设置密码

28. 用 8 个二进制位能表示的最大的无符号整数等于十进制整数＿＿＿＿＿＿。

A. 127 B. 128 C. 255 D. 256

29. 操作系统将 CPU 的时间资源划分成极短的时间片，轮流分配给各终端用户，使终端用户单独分享 CPU 的时间片，有独占计算机的感觉，这种操作系统称为＿＿＿＿＿＿。

A. 实时操作系统 B. 分时操作系统

C. 批处理操作系统 D. 分布式操作系统

30. 随机存取存储器（RAM）的最大特点是＿＿＿＿＿＿。

A. 存储量极大

B. 存储在其中的信息可以永久保存

C. 断电后，存储在 RAM 的数据将全部消失，且无法恢复

D. 在计算机中，只是用来存储数据的

第二部分　Windows 10

测试题 2.1

1. Windows 10 中，磁盘目录采用的是＿＿＿＿＿＿。
A. 表格形结构　　B. 图形结构　　　　C. 树形结构　　　　D. 网形结构
2. 复制窗口的图像，可以按快捷键＿＿＿＿＿＿。

A. Alt + PrintScreen　　　　　　　B. Ctrl + F1
C. Shift + PrintScreen　　　　　　D. PrintScreen
3. 在 Windows 10 中，下列有关回收站的叙述，错误的是＿＿＿＿＿＿。

A. 如果确认回收站中的所有内容无保留价值，可清空回收站

B. 回收站中的内容可以删除

C. 回收站不占用磁盘空间

D. 误删除的文件可通过回收站还原

4. Windows 10 中，"粘贴"的快捷键是＿＿＿＿＿＿。

A. Ctrl+A　　　　B. Ctrl+C　　　　C. Ctrl+X　　　　D. Ctrl+V
5. 在 Windows 10 的"文件资源管理器"中，按＿＿＿＿＿＿键可删除文件。

A. Esc　　　　　B. Delete　　　　C. Shift　　　　D. Enter
6. 控制面板的作用是＿＿＿＿＿＿。

A. 控制所有程序的执行　　　　　B. 设置"开始"菜单
C. 设置硬件接口　　　　　　　　D. 对系统进行有关的设置
7. 当选定文件或文件夹后，不将文件或文件夹放到"回收站"中，而直接删除的操作是＿＿＿＿＿＿。

A. 按 Delete 键

B. 按 Shift+Delete 键

C. 用鼠标直接将文件或文件夹拖到"回收站"中

D. 使用鼠标右键快捷菜单中"删除"功能

8. Windows 10 中，剪贴板是＿＿＿＿＿＿。
A. 内存中的一块区域　　　　　　B. 硬盘上的一块区域
C. U 盘上的一块区域　　　　　　D. 回收站中的一块区域
9. 移动窗口时，首先应将鼠标放在＿＿＿＿＿＿。
A. 窗口标题栏上　　　　　　　　B. 窗口滚动条上
C. 窗口内的任意位置　　　　　　D. 窗口四角或四边
10. 当选定文件夹后，下列操作中不能删除该文件夹的是＿＿＿＿＿＿。
A. 在键盘上按 Delete 键
B. 右击该文件夹，弹出快捷菜单，然后执行"删除"命令

C. 在"文件"菜单中执行"删除"命令

D. 双击该文件夹

11. 在 Windows 10 的"文件资源管理器"中，选择文件或文件夹后，拖到指定位置，可完成对文件或文件夹的_____操作。

A. 移动或复制　　　B. 复制　　　　　　　C. 重命名　　　　　　D. 删除

12. 在 Windows 10 中，当一个窗口已经最大化后，下列叙述中错误的是_____。

A. 该窗口可以关闭　　　　　　　　B. 该窗口可以最小化

C. 该窗口可以还原　　　　　　　　D. 该窗口可以移动

13. Windows 10 中，下列文件名命名不合法的是_____。

A. name_1　　　　　B. 12name　　　　　C. my*name　　　　D. name abc.doc

14. 文件的类型可以根据_____来识别。

A. 文件的大小　　　B. 文件的用途　　　C. 文件的扩展名　　D. 文件的存放位置

15. 在 Windows 10 中，直接调出任务管理器的快捷键为_____。

A. Ctrl+Shift+Enter　　　　　　　B. Alt+Shift+Enter

C. Shift+Esc+Tab　　　　　　　　D. Ctrl+Shift+Esc

16. 以下四项不属于 Windows 10 操作系统特点的是_____。

A. 图形界面　　　　　　　　　　　B. 多任务

C. 不会受到黑客攻击　　　　　　　D. 即插即用

17. Windows 10 操作系统在逻辑设计上的缺陷或者编写时产生的错误称为_____。

A. 系统垃圾　　　　B. 插件　　　　　　C. 系统漏洞　　　　D. 木马病毒

18. 计算机工作一段时间后,会产生很多垃圾文件,可以利用 Windows 10 提供的_____工具来删除，释放硬盘空间。

A. 磁盘分区　　　　B. 磁盘清理　　　　C. 磁盘格式化　　　D. 磁盘碎片整理程序

19. 在 Windows 10 中，想同时改变窗口的高度和宽度的操作是拖放_____。

A. 窗口边框　　　　B. 窗口角　　　　　C. 滚动条　　　　　D. 菜单栏

20. Windows 10 中关于快捷方式的叙述，错误的是_____。

A. 快捷方式改变了程序或文档在磁盘上的存放位置

B. 快捷方式提供了对常用程序或文档的访问捷径

C. 快捷方式图标的左下角有一个小箭头

D. 删除快捷方式不会对源程序或文档产生影响

测试题 2.2

1. Windows 10 中某些菜单项后面的"…"标志意味着选中该菜单后_____。

A. 系统将打开执行该命令所需的对话框　B. 该命令不能被执行

C. 该命令将转入后台执行　　　　　　　D. 系统将处于等待状态

2. 在 Windows 10 中，"回收站"中的文件或文件夹被还原后，将_____。

A. 在原先的位置　　　　　　　　　　B. 在任何一个文件夹下

C. 在一个专门存放还原文件的文件夹中　D. 在驱动器 C:目录下

3. 一个文档窗口中执行了"保存"命令，被关闭后，该文档将_____。

A. 保存在剪贴板中　　　　　　　　B. 保存在外存储器和内存中

C. 保存在内存中　　　　　　　　　D. 保存在外存储器中

4. Windows 10 中，单击第一个文件名后，按住_____键，再单击另外几个文件，可选定一组连续的文件。

A. Shift　　　　　B. Tab　　　　　C. Alt　　　　　D. Ctrl

5. 在 Windows 10 中，打开文档一般就能启动相应的应用程序，因为_____。

A. 文档即应用程序　　　　　　　　B. 文档是.docx 文件

C. 文档和应用程序进行了关联　　　D. 应用程序无法单独启动

6. 当一个应用程序窗口被最小化后，该应用程序将_____。

A. 被转入后台执行　　　　　　　　B. 被终止执行

C. 继续在前台执行　　　　　　　　D. 被暂停执行

7. 在 Windows 10 中，启动中文输入法或者将中文输入方式切换到英文输入方式，应同时按_____键。

A. Ctrl+空格　　　B. Enter+空格　　　C.Alt+空格　　　D. Shift+空格

8. 在 Windows 10 中，下列文件格式中，_____表示图像文件。

A. *.docx　　　　B. *.xlsx　　　　C. *.jpg　　　　D. *.txt

9. 在 Windows 10 中，单击第一个文件名后，按住_____键，再单击另外几个文件，可选定一组不连续的文件。

A. Shift　　　　　B. Alt　　　　　C. Ctrl　　　　　D. Tab

10. 在 Windows 10 中，颜色暗淡的命令表示_____。

A. 该命令当前不能选用　　　　　　B. 选中该命令后将弹出对话框

C. 选中该命令后将弹出下级子菜单　D. 该命令正在使用

11. 在 Windows 10 中，利用 Windows 下的_____，可以建立、编辑文本文档。

A. 剪贴板　　　　B. 控制面板　　　　C. 资源管理器　　　D. 记事本

12. 下列切换应用程序的方法中，不正确的方法是_____。

A. 单击任务栏上应用程序的按钮

B. 使用 Alt+Tab 键

C. 在"开始"菜单中选择相应的应用程序图标

D. 使用 Win+Tab 快捷键

13. 在 Windows 10 中，打开"本地磁盘"，要改变窗口内容的显示方式应使用_____。

A. "帮助"菜单　B. "编辑"菜单　　C. "查看"菜单　　D. "文件"菜单

14. 关于 Windows 10 的文件，下列说法中错误的是_____。

A. 文件夹中的文件不能同名

B. 每个文件夹都可以包含若干"子文件夹"和文件

C. 文件夹不能使用中文名称

D. 文件夹能够重新命名

15. 在 Windows 10 中，"a?c.exe"可以匹配文件名_____。

A. azc.exe　　　　B. abcc.exe　　　　C. azc.doc　　　　D. abcc.doc

16. 要将语言栏显示在桌面上，第一步操作应该是_____。

A. 控制面板中选"程序"选项

B. 控制面板中选"时钟、语言和区域"下的"更改键盘和其他输入法"选项

C. 右击桌面空白处，选择"查看"选项

D. 右击任务栏空白处，选择"属性"选项

17. 在 Windows 10 的中文输入方式下，进行中、英文输入方式切换应按的键是_____。

A. Ctrl+Alt　　　　B. Tab+Shift　　　　C. Ctrl+Space　　　　D. Shift+Space

18. 在 Windows 10 中，下面的叙述正确的是_____。

A. "写字板"是字处理软件，不能进行图文处理

B. "画图"是绘图工具，不能输入文字

C. "写字板"和"画图"均可以进行文字和图形处理

D. "记事本"文件可以插入自选图形

19. Windows 10 的任务栏可用于_____。

A. 启动应用程序　　　　　　　　　B. 修改程序项的属性

C. 切换当前应用程序　　　　　　　D. 修改程序组的属性

20. 当一个应用程序窗口被最小化后，该应用程序将_____。

A. 被删除　　　　　　　　　　　　B. 缩小为图标，成为任务栏中的一个按钮

C. 被取消　　　　　　　　　　　　D. 被破坏

第三部分　Word

测试题 3.1

1. 不属于 Microsoft Office 2019 软件包的软件是＿＿＿＿＿＿。

A. Access　　　　B. Excel　　　　　C. Windows　　　　D. Word

2. 在 Word 2019 中，若要输入 y 的 x 次方，应＿＿＿＿＿＿。

A. 将 x 改为小号字　　　　　　B. 将 y 改为大号字

C. 选定 x，然后设置其字体格式为上标　D. 以上选项说法都不正确

3. 在 Word 2019 中，＿＿＿＿＿＿用于建立轮廓和测试文档结构。

A. 草稿视图　　B. 主控文档　　　　C. 大纲视图　　　　D. 页面视图

4. 分节排版可将 Word 2019 的文档分节，使文档在不同的节中具有不同的＿＿＿＿＿＿。

A. 页面设置　　B. 色彩　　　　　C. 字体　　　　　D. 视图

5. 在 Word 2019 中，"不缩进段落的第一行，而缩进其余的行"的操作是指＿＿＿＿＿＿。

A. 悬挂缩进　　B. 左缩进　　　　C. 首行缩进　　　　D. 右缩进

6. 在 Word 2019 的＿＿＿＿＿＿视图方式下，可以显示分页效果。

A. 页面　　　　B. 大纲　　　　　C. 普通　　　　　D. Web 版式

7. 在 Word 2019 中，将文字转换成表格的操作中，第一步操作是＿＿＿＿＿＿。

A. 选定要转换的文字

B. 调整文字的间距

C. 执行"表格"按钮下的"将文本转换成表格"命令

D. 设置页面格式

8. 在 Word 2019 文档中，一页未满的情况下需要强制换页，应该采用＿＿＿＿＿＿操作。

A. Ctrl+Shift　　B. 插入分页符　　C. 插入命令符　　D. 插入分段符

9. Word 2019 中打印页码 "3-5, 10, 12" 表示打印的页码是＿＿＿＿＿＿。

A. 5，5，5，10，12　　　　　　B. 3，5，10，12

C. 3，4，5，10，12　　　　　　D. 10，10，10，12，12，12，12，12

10. 在 Word 2019 中，当插入点在文档中时，按 Delete 键将删除＿＿＿＿＿＿。

A. 插入点右边的一个字符　　　B. 插入点左边的一个字符

C. 插入点所在的段落　　　　　D. 插入点所在的行

11. 在 Word 的编辑状态下，选择三号字后，按新设置的字号显示的文字是＿＿＿＿＿＿。

A. 插入点所在的段落中的文字　B. 文档的全部文字

C. 文档中被选择的文字　　　　D. 插入点所在的行中的文字

12. 在 Word 2019 的编辑状态下，为文档设置页码，应该使用＿＿＿＿＿＿。

A. "开始"选项卡　　　　　　B. "插入"选项卡

C. "视图"选项卡　　　　　　D. "文件"选项卡

13. 在 Word 2019 文档中，如果要指定每页中的行数，可以通过_____进行设置。

A. "插入"选项卡的"页眉页脚"组　　B. "开始"选项卡的"段落"组

C. "布局"选项卡的"页面设置"组　　D. 无法设置

14. 要插入页眉和页脚，首先要切换到_____。

A. 大纲视图方式　　　　　　　　　B. 草稿视图方式

C. 页面视图方式　　　　　　　　　D. Web 版式视图方式

15. 纸张大小，可以在_____功能区中进行设置。

A. 开始　　　　B. 布局　　　　C. 插入　　　　D. 引用

16. 在设定纸张大小的情况下，要调整每页行数和每行字数，是通过"页面设置"对话框中的_____选项卡设置的。

A. 文档网络　　B. 页边距　　　C. 版式　　　　D. 纸张

17. Word 2019 页边距可以通过_____设置。

A. 页面视图下标尺　　　　　　　　B. "文件"菜单下"打印"选项中的页面设置

C. "格式"菜单下"段落"　　　　　D. "工具"菜单下"选项"

18. 在 Word 2019 编辑状态下，若要对文档中的图片或表格进行处理，应在_____下操作。

A. 主控文档视图　　　　　　　　　B. 页面视图

C. 联机版式视图　　　　　　　　　D. 普通视图

19. 页眉和页脚的建立方法相似，都要使用"页眉"或"页脚"命令进行设置，均应首先打开_____。

A. "布局"选项卡　　　　　　　　B. "开始"选项卡

C. "文件"选项卡　　　　　　　　D. "插入"选项卡

20. 在 Word 2019 编辑状态下，不可以进行的操作是_____。

A. 对选定的段落进行拼写和语法检查　B. 对选定的段落进行页眉、页脚设置

C. 在选定的段落内进行查找、替换　　D. 对选定的段落进行字数统计

测试题 3.2

1. 在 Word 2019 编辑状态下，执行"文件"→"打开"命令，则_____。

A. 打开一个新文档　　　　　　　　B. 打开了一个已有的文档

C. 为当前文档又打开了一个新窗口　D. 打印当前文档

2. 在 Word 2019 中，如果当前光标在表格中某行的最后一个单元格的外框线上，按回车键后，_____。

A. 光标所在行加宽　　　　　　　　B. 对表格不起作用

C. 在光标所在行下增加一行　　　　D. 光标所在列加宽

3. 下列对 Word 2019 中插入的图片进行放大或缩小的操作,描述正确的一条是_____。

A. 图片大小在水平和垂直方向只能进行等比例伸缩

B. 图片大小只能进行垂直伸缩

C. 图片大小只能进行水平伸缩

D. 图片大小在水平和垂直方向均可以任意伸缩

4. 在 Word 2019 的编辑状态下文档中有一行被选择，当按 Delete 键后_____。

A. 删除了插入点及其之前的所有内容

B. 删除了被选择的一行

C. 删除了被选择行及其之后的所有内容

D. 删除了所有的行

5. 在 Word 2019 中，只选定一段两端对齐文字中的几个字符，然后单击"居中"按钮，则_____。

A. 整个文档变成居中格式　　　　　B. 只有被选定的文字变成居中格式

C. 整个段落均变成居中格式　　　　D. 格式不变，操作无效

6. 在 Word 2019 中，下列关于"页码"的叙述，正确的是_____。

A. 不允许使用非阿拉伯数字形式的页码　B. 页码是页眉或页脚的一部分

C. 页码只能置于页面底端　　　　　　　D. 文档第一页的页码必须是 1

7. 在 Word 2019 中，建立一个表格式简历表，最简单的方法是_____。

A. 用绘图工具进行绘制

B. 用插入表格的方法

C. 在"表格"按钮中选择"快速表格"选项

D. 在新建中选择具有简历表格式的模板

8. 在 Word 2019 的编辑状态下，当前文档中有一个表格，选定表格，按 Delete 键后_____。

A. 表格中的内容全部被删除，但表格还存在

B. 表格和内容全部被删除

C. 表格被删除，但表格中的内容未被删除

D. 表格中插入点所在的行被删除

9. 在 Word 2019 中，若要将表格中相邻的两个单元格变成一个单元格，则在选定这两个单元格后，应执行"表格工具"中的_____命令。

A. 属性　　　　B. 删除单元格　　　　C. 合并单元格　　　　D. 拆分单元格

10. 选定一行最方便快捷的方法是_____。

A. 在该行左侧空白处单击　　　　　B. 在行首拖动鼠标至行尾

C. 在行首双击　　　　　　　　　　D. 在该行位置右击

11. 在 Word 2019 的编辑状态下，要想删除光标前面的字符，可以按_____键。

A. Ctrl+A　　　　B. Delete　　　　C. Backspace　　　　D. Shift+A

12. Word 2019 中的常用工具"格式刷"可用于复制文本或段落的格式，若要将选中的文本或段落格式重复应用多次，应_____。

A. 双击"格式刷"按钮　　　　　　B. 单击"格式刷"按钮

C. 右击"格式刷"按钮　　　　　　D. 拖动"格式刷"按钮

13. 下列关于页眉、页脚，说法正确的是_____。

A. 页眉线就是下划线　　　　　　　B. 页码可以直接输入

C. 页码可以插入在页面的任何位置　D. 插入的对象在每页中都可见

14. 关于编辑页眉、页脚，下列叙述中_____不正确。

A. 文档内容和页眉、页脚一起打印

B. 编辑页眉、页脚时不能编辑文档内容

C. 文档内容和页眉、页脚可在同一窗口编辑

D. 页眉、页脚中也可以进行格式设置和插入联机图片

15. 要将文档中选定的文字移动到指定的位置，首先对它进行的操作是执行_____。

A. "开始"选项卡"剪贴板"组中的"复制"按钮

B. "开始"选项卡"剪贴板"组中的"剪切"按钮

C. "开始"选项卡"剪贴板"组中的"查找"按钮

D. "开始"选项卡"剪贴板"组中的"粘贴"按钮

16. 设定打印纸张大小时，应当使用的命令是_____。

A. "文件"选项卡中的"另存为"选项

B. "视图"选项卡中的"显示比例"选项

C. "布局"选项卡中的"排列"选项

D. "文件"选项卡中的"打印"选项

17. 在 Word 2019 文档中插入公式，应单击"插入"选项卡_____组中的"公式"按钮。

A. 图文框　　　　B. 文本　　　　　　C. 插图　　　　　　D. 符号

18. 在 Word 2019 编辑状态下，统计文档字数使用"审阅"选项卡_____组中的命令按钮。

A. 校对　　　　　B. 更改　　　　　　C. 批注　　　　　　D. 修订

19. Word 2019 中，对已经输入的文档设置首字下沉，需要使用的组是_____。

A. 校对　　　　　B. 文本　　　　　　C. 段落　　　　　　D. 页面设置

20. 在 Word 2019 中，使用_____组中的工具可设置图片浮于文字上方。

A. 修订　　　　　B. 图片样式　　　　C. 更改　　　　　　D. 排列

测试题 3.3

1. 在 Word 2019 中，使用_____组中的工具可以插入艺术字。

A. 表格　　　　　B. 符号　　　　　　C. 插图　　　　　　D. 文本

2. Word 2019 提供分栏命令在_____选项卡中。

A. 开始　　　　　B. 插入　　　　　　C. 视图　　　　　　D. 布局

3. 在 Word 2019 中，表格组在_____选项卡中。

A. 开始　　　　　B. 布局　　　　　　C. 插入　　　　　　D. 视图

4. 在 Word 2019 中，若要给文档添加项目符号，应使用_____。

A. "审阅"选项卡中"修订"组　　　　B. "开始"选项卡中"段落"组

C. "插入"选项卡中"插图"组　　　　D. "布局"选项卡中"页面设置"组

5. 在 Word 2019 编辑窗口中，使用_____选项卡下的"插图"组，可以插入联机图片或图片文件。

A. 开始　　　　　B. 布局　　　　　　C. 视图　　　　　　D. 插入

6. 以下不能够直接退出 Word 2019 的方法是_____。

A. 单击标题栏右侧关闭按钮　　　　　　B. 按 Esc 键

C. 直接使用快捷键 Alt+F4　　　　　　D. 任务栏右键菜单关闭窗口

7. Word 2019 提供了添加边框功能，以下说明正确的是_____。

A. 只能为文档中的段落添加边框

B. 可以为所选文本添加边框，也可以为文档中的段落或文档页面添加边框

C. 只能为所选文本添加边框

D. 只能为文档页面添加边框

8. Word 2019 处理的主要对象是_____。

A. 表格　　　　　B. 图片　　　　　C. 文档　　　　　D. 数据

9. 在 Word 2019 文档中有一个段落的最后一行只有一个字符，想把该字符合并到上一行，下述方法中哪一个无法达到该目的？_____

A. 减少页的左右边距　　　　　　B. 减小该段落的字体的字号

C. 减小该段落的行间距　　　　　　D. 减小该段落的字间距

10. 在 Word 2019 中无法实现的操作是_____。

A. 在页眉中插入联机图片　　　　　　B. 建立奇偶页内容不同的页眉

C. 在页眉中插入日期　　　　　　D. 在页眉中插入分隔符

11. 若 Word 2019 启动后，屏幕上打开一个 Word 窗口，它是_____。

A. 工具菜单　　　　　　B. 用户进行文字编辑的工作环境

C. 格式选项卡　　　　　　D. 功能区

12. Word 2019 是 Microsoft 公司提供的一个_____。

A. 操作系统　　　B. 数据库管理系统　　　C. 表格处理软件　　　D. 文字处理软件

13. 在 Word 2019 文档中，可以在"页眉/页脚"中插入各种图片，插入图片后只有在_____中才能看到该图片。

A. 大纲视图　　　B. 页面视图　　　C. 草稿视图　　　D. 阅读视图

14. 在 Word 2019 的编辑状态设置了标尺，可以同时显示水平标尺和垂直标尺的视图方式是_____。

A. 普通方式　　　B. 页面方式　　　C. 全屏显示方式　　　D. 大纲方式

15. 在 Word 2019 的编辑状态，可以显示页面四角的视图方式是_____。

A. 草稿视图方式　　　　　　B. 大纲视图方式

C. 页面视图方式　　　　　　D. 各种视图方式

16. Word 2019 中_____视图方式使显示效果与打印预览基本相同。

A. 普通　　　　　B. 页面　　　　　C. 大纲　　　　　D. 主控文档

17. 在 Word 2019 中，"视图"中的_____功能用于控制文档在屏幕上的显示大小。

A. 窗口　　　　　B. 缩放　　　　　C. 页面移动　　　　　D. 宏

18. 在 Word 文档中，为了看清文档的打印效果，应使用_____视图方式。

A. 大纲　　　　　B. 全屏　　　　　C. 页面　　　　　D. 普通

19. 在 Word 2019 中，默认视图方式是_____。

A. 大纲视图　　　B. 页面视图　　　C. Web 版式视图　　　D. 普通视图

20. 下面有关 Word 2019 表格功能的说法不正确的是＿＿＿＿＿＿。

A. 可以通过表格工具将表格转换成文本

B. 表格中可以插入图片

C. 表格的单元格中可以插入表格

D. 不能设置表格的边框线

第四部分　Excel

测试题 4.1

1. 在 Excel 2019 中，不连续单元格的选择，只要按住＿＿＿＿＿＿的同时选择所要的单元格即可。

A. Shift　　　　　　B. Ctrl　　　　　　　C. Alt　　　　　　　D. Esc

2. 在 Excel 2019 中，对于 F5 单元格，其绝对单元格引用方法为＿＿＿＿＿＿。

A. $F5　　　　　　B. F$5　　　　　　C. $F$5　　　　　　D. F5

3. 在 Excel 2019 中，利用填充柄可以将数据复制到相邻单元格中，若选择含有数值的左右相邻的两个单元格，向左拖动填充柄，则数据将以＿＿＿＿＿＿填充。

A. 右单元格数值　　　　　　　　B. 等比数列

C. 左单元格数值　　　　　　　　D. 等差数列

4. 在 Excel 2019 中，下列＿＿＿＿＿＿是正确的数据区域表示法。

A. A1#D4　　　B. A1＞D4　　　　C. A1:D4　　　　D. A1..D5

5. Excel 2019 中，直接输入公式，必须以＿＿＿＿＿＿开头，然后再输入表达式。

A. 单引号（'）　B. 等号（＝）　　　C. 冒号（:）　　　　D. 空格（　　）

6. Excel 2019 工作簿在存储时，默认的扩展名是＿＿＿＿＿＿。

A. xlsx　　　　　　B. docx　　　　　　C. dbf　　　　　　D. pptx

7. Excel 2019 能把工作表数据显示成图表格式，图表的位置＿＿＿＿＿＿。

A. 可直接出现在原工作表内　　　B. 可单独放在一份新的工作表中

C. 可放在其他工作表内　　　　　D. 以上选项都可以

8. Excel 2019 中，通常在单元格内出现"####"符号时，表明＿＿＿＿＿＿。

A. 数值溢出　　　　　　　　　　B. 宽度不够，无法显示数值数据

C. 显示的是字符串"####"　　　D. 计算错误

9. 某单位要统计各科室人员的工资情况，按工资从高到低排序，若工资相同，则以工龄降序排列，以下做法正确的是＿＿＿＿＿＿。

A. 主要关键字为"科室"，次要关键字为"工龄"，第二个次要关键字为"工资"

B. 主要关键字为"工资"，次要关键字为"工龄"，第二个次要关键字为"科室"

C. 主要关键字为"工龄"，次要关键字为"工资"，第二个次要关键字为"科室"

D. 主要关键字为"科室"，次要关键字为"工资"，第二个次要关键字为"工龄"

10. 在 Excel 2019 中，若需要删除一个工作表，右击它的表标签后，从弹出的快捷菜单中选择＿＿＿＿＿＿。

A. "重命名"选项　　　　　　　　B. "插入"选项

C. "删除"选项　　　　　　　　　D. "工作表标签颜色"选项

11. 关于 Excel 2019 区域定义不正确的论述是_____。

A. 区域可由单一单元格组成

B. 区域可由同一列连续多个单元格组成

C. 区域可由同一行连续多个单元格组成

D. 区域可由不连续的单元格组成

12. 在 Excel 2019 的图表中，能反映出数据变化趋势的图表类型是_____。

A. 饼图　　　　　　B. 柱形图　　　　　　C. 折线图　　　　　　D. 气泡图

13. 在 Excel 2019 中，若首先在单元格 C2 中输入的一个计算公式为 "=B$2"，接着拖动此单元格填充 C3:C8，则在 C8 单元格中得到的公式为_____。

A. =B8　　　　　　B. =B2　　　　　　C. =B$2　　　　　　D. =B$8

14. Excel 工作表 B2 单元格的值为 3.14159，执行某些操作之后，在 B2 单元格中显示一串 "#" 符号，说明 B2 单元格的_____。

A. 公式有错，无法计算　　　　　　B. 数据已经因操作失误而丢失

C. 格式与类型不匹配，无法显示　　　　　　D. 显示宽度不够，只要调整宽度即可

15. 假设在 Excel 2019 的一个工作表中，单元格 D3 的值是根据 C3 的值决定的，若 C3≤30 则 D3 的值为 150，否则为 250，则在 D3 中应输入的计算公式为_____。

A. =IF（C2>=30,150,250）　　　　　　B. =IF（D3<=30,150,250）

C. =IF（C3<=30,150,250）　　　　　　D. =IF（C3<=30,250,150）

16. 对电子工作表中所选择的区域不能够进行操作的是_____。

A. 行高尺寸　　　　　B. 列宽尺寸　　　　　C. 条件格式　　　　　D. 保存文档

17. 在 Excel 2019 中，假定存在一个职工简表，要对职工工资按职称属性进行分类汇总，则在分类汇总前必须进行数据排序，所选择的排序关键字为_____。

A. 职务　　　　　　B. 职称　　　　　　C. 籍贯　　　　　　D. 职工号

18. 在 Excel 2019 工作表的单元格中，若想输入数字字符串 42112066（学号），则应输入_____。

A. :42112066　　　B. "42112066"　　　C. 42112066'　　　D. '42112066

19. Excel 2019 中，向一个单元格输入公式或函数时，其前导字符必须是_____。

A. =　　　　　　　　B. >　　　　　　　　C. <　　　　　　　　D. %

20. 以下_____是对 Excel 2019 单元格位置的相对引用。

A. F9　　　　　　B. $F9　　　　　　C. F$9　　　　　　D. $F$9

测试题 4.2

1. Excel 2019 单元格中数字保留 1 位小数，输入数字 3.461 后将显示_____。

A. 3　　　　　　B. 3.5　　　　　　C. 3.0　　　　　　D. 3.4

2. Excel 2019 基本数据单元是_____。

A. 单元格　　　　B. 工作簿　　　　C. 工作表　　　　D. 数据值

3. 在 Excel 2019 中指定 C6 至 C9 的四个单元格的表示形式是_____。

A. C2, C6　　　　B. C2&C6　　　　C. C2; C6　　　　D. C2:C6

4. 在 Excel 2019 中，A1、B1、C1、D1 的内容分别为 1、2、3、4。问函数 COUNT(A1,D1) 的结果是_____。

A. 5   B. 7   C. 10   D. 2

5. 在 Excel 2019 中，将某一单元格内容"星期一"向下拖放填充柄新填充 6 个单元格，其内容为_____。

A. 连续 6 个"星期一"

B. 连续 6 个空白

C. 星期二、星期三、星期四、星期五、星期六、星期日

D. 以上都不对

6. 在 Excel 2019 中，数字项前若加_____，会被视为以文本形式存储的数字。

A. 。   B. '   C. #   D. %

7. 若需计算 Excel 2019 某工作表中 A1、B1、C1 单元格的数据之和，需使用下述哪个计算公式?_____

A. = SUM(A1, C1)   B. = COUNT(A1: C1)

C. = MAX(A1: C1)   D. = SUM(A1: C1)

8. 在 Excel 2019 中引用单元格时，单元格名称中列标前加上"$"符，而行标前不加;或者行标前加上"$"符，而列标前不加，这属于_____。

A. 相对引用   B. 绝对引用

C. 混合引用   D. 其他几个选项说法都不正确

9. 在 Excel 2019 中，函数 AVERAGE(9, 18, 36)的值为_____。

A. 9   B. 21   C. 18   D. 36

10. 在 Excel 2019 中，存储数据的表格被称为_____。

A. 工作表   B. 文件夹   C. 工作簿   D. 图表

11. Excel 2019 中默认的单元格引用是_____。

A. 相对引用   B. 绝对引用   C. 混合引用   D. 三维引用

12. 在 Excel 2019 中，下列地址为相对地址的是_____。

A. $E2   B. $E$2   C. E2   D. E$2

13. 在 Excel 2019 中，进行分类汇总之前，我们必须对数据清单进行_____。

A. 排序   B. 筛选   C. 有效计算   D. 建立数据库

14. 在 Excel 2019 中，求一组数值中的最大值函数为_____。

A. SUM   B. MIN   C. MAX   D. AVERAGE

15. 在 Excel 2019 中，假定 B2 单元格的内容为数值 78，则公式 "=IF(B2＞70,"好","差")" 的值为_____。

A. 好   B. 差   C. 70   D. 78

16. 在 Excel 2019 中，输入数字作为文本使用时，需要输入的先导字符是_____。

A. 逗号   B. 分号   C. 单引号   D. 双引号

17. 在 Excel 2019 的电子工作表中建立的数据表，通常把每一列称为一个_____。

A. 元组   B. 属性   C. 记录   D. 关键字

18. 在 Excel 2019 中，单元格引用 G23 的绝对地址表示为_____。

A. G23   B. G$23   C. $G23   D. $G$23

19. 一行和一列相交构成一个_____。

A. 窗口　　　　　　B. 区域　　　　　　C. 单元格　　　　　　D. 工作表

20. 在 Excel 2019 的工作表中，假定 C1:C3 区域内保存的数值依次为 3、6 和 9，若 C4 单元格中的函数公式为 "=AVERAGE(C1:C3)"，则 C4 单元格中的值为_____。

A. 6　　　　　　　　B. 9　　　　　　　　C. 3　　　　　　　　D. 18

测试题 4.3

1. 使用 Excel 2019 的数据筛选功能，是将_____。

A. 满足条件的数据突出显示

B. 满足条件的记录显示出来，而删除不满足条件的数据

C. 不满足条件的记录暂时隐藏起来，只显示满足条件的数据

D. 不满足条件的数据用另外一个工作表保存起来

2. 为了区分 "数字" 和 "数字字符串" 数据，Excel 2019 要求在输入项前添加_____符号来区别。

A. #　　　　　　　　B. @　　　　　　　　C. "　　　　　　　　D. '

3. 下列 Excel 2019 的表示中，属于绝对地址的表达式是_____。

A. $A$6　　　　　　B. $A6　　　　　　C. A$6　　　　　　D. A6

4. 在 Excel 2019 中，创建图表时要打开_____。

A. "开始" 选项卡　　　　　　　　　　B. "插入" 选项卡

C. "公式" 选项卡　　　　　　　　　　D. "数据" 选项卡

5. 在 Excel 2019 中，求一组数值中的平均值函数为_____。

A. SUM　　　　　　B. MIN　　　　　　C. MAX　　　　　　D. AVERAGE

6. 在 Excel 2019 中，已知工作表中 C3 和 D3 单元格的值分别为 6 和 9，F5 单元格中的计算公式为 "=C3+D3"，则 F5 单元格的值为_____。

A. 0　　　　　　　　B. 6　　　　　　　　C. 15　　　　　　　D. 20

7. 当进行 Excel 2019 中的分类汇总时，必须事先按分类字段对数据表进行_____。

A. 求和　　　　　　B. 筛选　　　　　　C. 查找　　　　　　D. 排序

8. 在 Excel 2019 中，单元格地址绝对引用的方法是_____。

A. 在单元格地址前面加符号$

B. 在单元格地址后面加符号$

C. 在构成单元格地址的字母和数字之间加符号 "$"

D. 在构成单元格地址的字母和数字前分别加符号$

9. 在 Excel 2019 中，假定单元格 D3 中保存的计算公式为 "=B3+2"，若把它复制到 F3 中，则 F3 中保存的公式为_____。

A. =C3+2　　　　B. =B3+2　　　　C. =D3+2　　　　D. =C3

10. Excel 2019 工作簿文件的默认扩展名为_____。

A. docx　　　　　　B. pptx　　　　　　C. xlsx　　　　　　D. png

11. 假定一个单元格的地址为 F39，则此地址的类型是_____。

A. 相对地址　　　　B. 绝对地址　　　　C. 混合地址　　　　D. 三维地址

12. 在 Excel 2019 的单元格格式对话框中，不存在的选项卡是_____。

A. "数字"选项卡　　　　　　　　　B. "对齐"选项卡

C. "字体"选项卡　　　　　　　　　D. "货币"选项卡

13. 在 Excel 2019 中，单元格引用的列标前加上字符$，而行号前不加字符$，这属于_____。

A. 相对引用　　　　B. 绝对引用　　　　C. 混合引用　　　　D. 任意引用

14. 在 Excel 2019 中，若要表示"数据表 1"上的 B3 到 G9 的整个单元格区域，则应书写为_____。

A. 数据表 1$B3:G9　　　　　　　　B. 数据表 1!B3:G9

C. 数据表 1#B3:G9　　　　　　　　D. 数据表 1:B3:G9

15. 若在 Excel 2019 的一个工作表的 D3 和 E3 单元格中输入了八月和九月，选择并向后拖动填充柄经过 F3 和 G3 后松开，F3 和 G3 中显示的内容为_____。

A. 十月、十月　　　　　　　　　　B. 九月、九月

C. 八月、九月　　　　　　　　　　D. 十月、十一月

16. 在 Excel 2019 中，若需要选择多个不连续的单元格区域，除选择第一个区域外，以后每选择一个区域都要同时按住_____。

A. Alt 键　　　　B. Esc 键　　　　C. Ctrl 键　　　　D. Shift 键

17. 在 Excel 2019 中，数据源发生变化时，相应的图表_____。

A. 不受任何影响　　　　　　　　　B. 不跟随变化

C. 自动跟随变化　　　　　　　　　D. 需要人为修改

18. 在 Excel 2019 的高级筛选中，条件区域中不同行的条件是_____。

A. 与的关系　　　　B. 或的关系　　　　C. 非的关系　　　　D. 异或的关系

19. 关于筛选，叙述正确的是_____。

A. 高级筛选可以进行更复杂条件的筛选

B. 高级筛选不需要建立条件区，只要有数据区域就可以了

C. 自动筛选可以同时显示数据区域和筛选结果

D. 自动筛选可以将筛选结果放在指定的区域

20. 下列序列中，不能直接利用自动填充快速输入的是_____。

A. 星期一. 星期二. 星期三. ……　　　　B. 甲. 乙. 丙. ……

C. 第一类. 第二类. 第三类. ……　　　　D. Mon.Tue.Wed. ……

第五部分　PowerPoint

测试题 5.1

1. 在 PowerPoint 2019 中可以插入的内容有_____。
   A. 图表、图像　　　　　　　　　　B. 声音、影片
   C. 幻灯片、超级链接　　　　　　　D. 以上几个方面
2. 在 PowerPoint 2019 中，_____包含的信息出现在幻灯片的底部。
   A. 页眉　　　　B. 页脚　　　　　C. 批注　　　　　D. 帮助
3. 在 PowerPoint 2019 中打印演示文稿时，在"设置"中，选择"讲义"，则每页打印纸上最多能输出_____张幻灯片。
   A. 2　　　　　　B. 4　　　　　　C. 6　　　　　　D. 9
4. PowerPoint 2019 中，在幻灯片的"设置背景格式"对话框中，"全部应用"按钮的作用是_____。
   A. 此背景仅用于当前幻灯片
   B. 此背景仅用于最近两张幻灯片
   C. 此背景用于当前演示文稿中的全部幻灯片
   D. 此背景用于打开的所有演示文稿中的全部幻灯片
5. 在 PowerPoint 2019 中，演示文稿存储时，默认的扩展名是_____。
   A. pptx　　　　B. docx　　　　　C. dbf　　　　　D. xlsx
6. 选择多张幻灯片时，应按住_____键再逐个单击所需幻灯片。
   A. 空格　　　　B. Alt　　　　　C. Tab　　　　　D. Ctrl
7. 在 PowerPoint 2019 中，*.POTX 文件是_____文件类型。
   A. 演示文稿　　B. 模板文件　　　C. 可执行文件　　D. 其他版本文稿
8. PowerPoint 2019 中，在幻灯片页眉和页脚设置中，选项存在于"备注和讲义"页面，却在"幻灯片"页面中不存在，该选项为_____。
   A. 页眉　　　　　　　　　　　　　B. 页脚
   C. 幻灯片编号　　　　　　　　　　D. 日期和时间
9. 在 PowerPoint 2019 中，执行了插入新幻灯片的操作，被插入的幻灯片将出现在_____。
   A. 当前幻灯片之前　　　　　　　　B. 当前幻灯片之后
   C. 最前　　　　　　　　　　　　　D. 最后
10. 我们可以用直接的方法来把自己的声音加入 PowerPoint 2019 演示文稿中，这是_____。
    A. 磁盘转换　　　　　　　　　　　B. 录音转换
    C. 复制声音　　　　　　　　　　　D. 录制旁白

11. PowerPoint 2019 中，要对幻灯片母版进行设计和修改时，应在_____选项卡中操作。

　　A. 设计　　　　　　B. 审阅　　　　　　C. 插入　　　　　　D. 视图

12. 若在 PowerPoint 2019 中设置颜色、图案，为了打印清晰，应选择_____选项。

　　A. 图案　　　　　　B. 颜色　　　　　　C. 清晰　　　　　　D. 黑白

13. PowerPoint 2019 中，_____视图最适合移动、复制幻灯片。

　　A. 普通　　　　　　B. 幻灯片浏览　　　　C. 备注页　　　　　D. 大纲

14. PowerPoint 2019 中，设置幻灯片动画时，指定对象的计时开始不可以选择的是_____。

　　A. 单击时　　　　　　　　　　　　B. 上一动画之前

　　C. 与上一动画同时　　　　　　　　D. 上一动画之后

15. PowerPoint 2019 中，若为幻灯片中的对象设置"飞入"动画效果，应选择对话框_____。

　　A. 自定义动画　　B. 幻灯片版式　　　C. 自定义放映　　　D. 幻灯片放映

16. PowerPoint 2019 中，如果打印幻灯片的第 1、3、4、5、7 张，则在"打印"对话框的"幻灯片"文本框中可以输入_____。

　　A. 1-3-4-5-7　　B. 1,3,4,5,7　　　C. 1-3, 4, 5-7　　　D. 1-3, 4-5, 7

17. PowerPoint 2019 中，若要在"幻灯片浏览"视图中选择多个幻灯片，应先按住_____键。

　　A. Alt　　　　　　B. Ctrl　　　　　　C. F4　　　　　　D. Shift+F5

18. PowerPoint 2019 中，在"幻灯片浏览视图"模式下，不允许进行的操作是_____。

　　A. 幻灯片移动　　B. 幻灯片复制　　　C. 幻灯片删除　　　D. 幻灯片动画

19. 在 PowerPoint 2019 中，要设置幻灯片循环放映，应使用的菜单是_____。

　　A. 开始　　　　　　B. 视图　　　　　　C. 幻灯片放映　　　D. 审阅

20. PowerPoint 2019 中，幻灯片能够按照预设时间自动连续播放，应设置_____。

　　A. 自定义放映　　B. 排练计时　　　C. 动作设置　　　D. 观看方式

测试题 5.2

1. 在 PowerPoint 2019 中，"动画"选项卡可以对幻灯片进行_____操作。

　　A. 对象应用、更改与删除动画　　　B. 表、形状与图表

　　C. 背景、主题设计和颜色　　　　　D. 动画设计与页面设计

2. PowerPoint 2019 中，在"图片工具"下的_____组中可以对图片进行添加边框的操作。

　　A. 图片样式　　B. 调整　　　　　C. 大小　　　　　D. 排列

3. PowerPoint 2019 中，要设置幻灯片的切换效果以及切换方式时，应在_____选项卡中操作。

　　A. 开始　　　　　　B. 设计　　　　　　C. 切换　　　　　　D. 动画

4. PowerPoint 2019 中，为已选定的文字设置"陀螺旋"动画效果的操作方法是_____。

　　A. 选择"幻灯片放映"菜单下的"动画方案"选项

B. 选择"幻灯片放映"菜单下的"自定义动画"选项

C. 选择"动画"菜单下的"动画效果"选项

D. 选择"格式"菜单下的"样式和格式"选项

5. PowerPoint 2019 中，在幻灯片放映过程中，能正确切换到下一张幻灯片的操作是_____。

  A. 单击   B. 按 F5 键   C. 按 PageUp 键   D. 以上都不正确

6. PowerPoint 2019 中，如果要从第 2 张幻灯片跳转到第 8 张幻灯片，应使用"幻灯片放映"菜单中的_____。

  A. 预设动画 B. 动作设置   C. 幻灯片切换   D. 自定义动画

7. PowerPoint 2019 在浏览视图下，按住 Ctrl 键并拖动某幻灯片，完成的操作是_____。

  A. 移动幻灯片 B. 删除幻灯片   C. 复制幻灯片   D. 隐藏幻灯片

8. 在 PowerPoint 中，若需将幻灯片从打印机输出，可以用下列快捷键_____。

  A. Shift+P   B. Shift+L   C. Ctrl+P   D. Alt+P

9. 在 PowerPoint 2019 中，需要在幻灯片中同时移动多个对象时_____。

  A. 只能以英寸为单位移动这些对象

  B. 一次只能移动一个对象

  C. 可以将这些对象编组，把它们视为一个整体

  D. 修改演示文稿中各个幻灯片的布局

10. 如果将演示文稿放在另外一台没有安装 PowerPoint 软件的计算机上播放，需要进行_____。

  A. 复制/粘贴操作   B. 重新安装软件和文件

  C. 打包操作   D. 新建幻灯片文件

11. 在 PowerPoint 2019 中设置背景时，若要使所选择的背景仅适用于当前所选择的幻灯片，应单击_____。

  A. "全部应用"按钮   B. "关闭"按钮

  C. "取消"按钮   D. "重置背景"按钮

12. PowerPoint 2019 中，插入幻灯片编号的方法是_____。

  A. 执行"格式"菜单中的"幻灯片编号"命令

  B. 执行"视图"菜单中的"幻灯片编号"命令

  C. 执行"插入"菜单中的"幻灯片编号"命令

  D. 执行"幻灯片放映"菜单中的"幻灯片编号"命令

13. PowerPoint 2019 中，如果要从一张幻灯片"溶解"到下一张幻灯片，应使用_____菜单进行设置。

  A. 动作设置 B. 切换   C. 幻灯片放映   D. 自定义动画

14. 在 PowerPoint 2019 中，若要插入组织结构图，应该进行的操作是_____。

  A. 插入自选图形

  B. 插入来自文件中的图形

  C. 在"插入"菜单下的 SmartArt 图形选项中选择"层次结构"图形

  D. 在"插入"菜单下的图表选项中选择"层次图形"

15. PowerPoint 幻灯片浏览视图中，若要选择多个不连续的幻灯片，在单击选定幻灯片前应该按住_____。

A. Shift 键　　　　　B. Alt 键　　　　　C. Ctrl 键　　　　　D. 回车键

16. 若要终止幻灯片的放映，可直接按_____键。

A. Ctrl+C　　　　　B. Esc　　　　　C. End　　　　　D. Ctrl+F4

17. PowerPoint 2019 中，如果要在表格的最后添加新的一行，则可以单击表格的最后一个单元格，然后按_____键。

A. Enter　　　　　B. Tab　　　　　C. Shift+Enter　　　　　D. Shift+Tab

18. PowerPoint 2019 中，幻灯片设置为"循环放映"的方法是_____。

A. 执行"工具"菜单中的"设置放映方式"命令

B. 执行"幻灯片放映"菜单中的"录制幻灯片演示"命令

C. 执行"幻灯片放映"菜单中的"设置幻灯片放映"命令

D. 执行"切换"菜单中的"幻灯片换片方式"命令

19. PowerPoint 2019 中，对于文本框内的文字，设置项目符号可以采用_____。

A. "格式"菜单中的"编辑"命令项

B. "开始"菜单中的"项目符号"命令按钮

C. "格式"菜单中的"项目符号"命令项

D. "插入"菜单中的"符号"命令项

20. 在 PowerPoint 2019 环境中，插入一张新幻灯片的快捷键是_____。

A. Ctrl+N　　　　　B. Ctrl+M　　　　　C. Alt+N　　　　　D. Alt+M

测试题 5.3

1. 在 PowerPoint 2019 中设置背景时，若要使所选择的背景仅适用于当前所选择的幻灯片，应单击_____。

A. "全部应用"按钮　　　　　B. "关闭"按钮

C. "取消"按钮　　　　　D. "重置背景"按钮

2. PowerPoint 2019 中，已设置了幻灯片的动画，但没有看到动画效果，是因为_____。

A. 没有切换到幻灯片放映视图　　　　　B. 没有切换到幻灯片浏览视图

C. 没有切换到普通视图　　　　　D. 没有进入母版视图

3. PowerPoint 2019 中，若要使幻灯片播放时从"盒状展开"效果变换到下一张幻灯片，需要设置_____。

A. 自定义动画　　　B. 放映方式　　　　　C. 幻灯片切换　　　　　D. 自定义放映

4. PowerPoint 2019 中，通过_____设置后，单击"观看放映"按钮后能够自动放映。

A. 排练计时　　　B. 动画设置　　　　　C. 自定义动画　　　　　D. 幻灯片设计

5. 在 PowerPoint 2019 中，若要插入组织结构图，应该进行的操作是_____。

A. 插入自选图形

B. 插入来自文件中的图形

C. 在"插入"菜单下的 SmartArt 图形选项中选择"层次结构"图形

D. 在"插入"菜单下的图表选项中选择"层次图形"

6. PowerPoint 2019 中，要在幻灯片中插入表格、图片、艺术字、视频、音频等元素时，应在_____选项卡中操作。

　　A. 文件　　　　　　B. 开始　　　　　　C. 插入　　　　　　D. 设计

7. PowerPoint 2019 中，"主题"组在功能区的_____选项卡中。

　　A. 开始　　　　　　B. 设计　　　　　　C. 插入　　　　　　D. 动画

8. PowerPoint 2019 中，_____设置能够应用幻灯片模板改变幻灯片的背景、标题字体格式。

　　A. 幻灯片版式　　B. 幻灯片设计　　C. 幻灯片切换　　D. 幻灯片放映

9. 从头播放幻灯片文稿时，需要跳过第 5～9 张幻灯片接续播放，可以设置_____。

　　A. 隐藏幻灯片　　B. 设置幻灯片版式　　C. 幻灯片切换方式　　D. 删除 5～9 张幻灯片

10. PowerPoint 2019 放映过程中，启动屏幕画笔的方法是_____。

　　A. Shift + X　　　　B. Esc　　　　　　C. Alt + E　　　　　D. Ctrl + P

11. PowerPoint 2019 中，进入幻灯片母版的方法是_____。

　　A. 执行"开始"菜单中的"母版"命令项下的"幻灯片母版"命令

　　B. 执行"视图"菜单中的"母版视图"命令项下的"幻灯片母版"命令

　　C. 按住 Shift 键的同时，再单击"普通视图"按钮

　　D. 按住 Shift 键的同时，再单击"幻灯片浏览视图"按钮

12. PowerPoint 2019 中，要方便地隐藏某张幻灯片，应使用_____。

　　A. 执行"开始"菜单中的"隐藏幻灯片"命令项

　　B. 执行"插入"菜单中的"隐藏幻灯片"命令项

　　C. 单击该幻灯片，选择"隐藏幻灯片"选项

　　D. 右击该幻灯片，选择"隐藏幻灯片"选项

13. PowerPoint 2019 中，要为所有幻灯片添加编号，下列方法中正确的是_____。

　　A. 执行"插入"菜单的"幻灯片编号"命令即可

　　B. 在母版视图中，执行"审阅"菜单的"页眉和页脚"命令

　　C. 执行"视图"菜单的"页眉和页脚"命令

　　D. 执行"审阅"菜单的"页眉和页脚"命令

14. PowerPoint 2019 中，放映当前幻灯片的快捷键是_____。

　　A. F6　　　　　　　B. Shift+F6　　　　C. F5　　　　　　　D. Shift+F5

15. PowerPoint 2019 中，若要在幻灯片中插入垂直文本，应选择的选项是_____。

　　A. "开始"菜单下的文本框选项　　　　B. "审阅"菜单下的文本框选项

　　C. "格式"菜单下的文本框选项　　　　D. "插入"菜单下的文本框选项

16. PowerPoint 2019 中，光标位于幻灯片窗格中时，单击"开始"选项卡的"幻灯片"组中的"新建幻灯片"按钮，插入的新幻灯片位于_____。

　　A. 当前幻灯片之前　　　　　　　　　B. 当前幻灯片之后

　　C. 文档的最前面　　　　　　　　　　D. 文档的最后面

17. 在 PowerPoint 2019 中，"插入"选项卡可以创建_____。

　　A. 新文件、打开文件　　　　　　　　B. 表、形状与图表

C. 文本左对齐　　　　　　　　　　　　　D. 动画

18. PowerPoint 2019 中，在_____视图中，可看到以缩略图方式显示的多张幻灯片。

A. 幻灯片浏览　　B. 大纲　　　　　　　C. 阅读　　　　　　　D. 普通

19. PowerPoint 2019 中，按住鼠标左键，并拖动幻灯片到其他位置是进行幻灯片的_____操作。

A. 移动　　　　　B. 复制　　　　　　　C. 删除　　　　　　　D. 插入

20. PowerPoint 2019 中，任意对象的动画动作_____。

A. 一般是先强调再设置其他动画动作

B. 一般是先退出再设置其他动画动作

C. 一般是先进入再设置其他动画动作

D. 一般是先设置动作路径再设置其他动画动作

第六部分 网 络

测试题 6.1

1. 信息高速公路主要是指_____的网络。

A. 网络与网络互连   B. 计算机与网络互连

C. 计算机与计算机互连   D. 其他三个选项都不正确

2. 统一资源定位器（URL）的格式是_____。

A. 协议://IP 地址或域名/路径/文件名   B. 协议://路径/文件名

C. TCP/IP   D. HTTP

3. 若把 www.snnu.edu.cn 设为主页，应该_____。

A. 在 IE 窗口中单击主页按钮

B. 在 www.snnu.edu.cn 网站中申请

C. 将 www.snnu.edu.cn 添加到收藏夹

D. 在 IE 属性主页地址栏中键入 www.snnu.edu.cn

4. 根据域名代码规定，域名为.edu 表示的网站类别应是_____。

A. 教育机构   B. 商业组织   C. 国际组织   D. 政府部门

5. 用户通过拨号连入 Internet，通常需从_____处申请上网账号。

A. SLIP   B. ISP   C. PPP   D. ASP

6. 1000Base-T 局域网中，双绞线的有效传输距离是_____。

A. 10 m   B. 50 m   C. 100 m   D. 1000 m

7. 能唯一标识 Internet 中每一台主机的是_____。

A. 用户名   B. IP 地址   C. 使用权限   D. 用户密码

8. 关于计算机网络资源共享的描述最准确的是_____。

A. 共享线路   B. 共享硬件

C. 共享数据和软件   D. 共享硬件和共享数据、软件

9. 目前网络传输介质中传输速率最高的是_____。

A. 光缆   B. 双绞线   C. 电话线   D. 同轴电缆

10. 一座大楼内的一个计算机网络系统，属于_____。

A. WAN   B. MAN   C. LAN   D. PAN

11. 在 Internet 中，主机的 IP 地址与域名地址的关系是_____。

A. IP 地址和域名地址是等价的   B. IP 地址和域名地址分别表达不同的含义

C. IP 地址是域名中部分信息的表示   D. 域名地址是 IP 地址中部分信息的表示

12. 关于 TCP/IP，下列说法不正确的是_____。

A. Internet 采用的协议

B. 使 Internet 上软、硬件系统差别很大的计算机之间可以通信

C. TCP 用于保证信息传输的正确性，而 IP 用于转发数据包

D. 所谓 TCP/IP 就是由 TCP、IP 协议组成的

13. 在 Outlook 窗口中，新邮件的"抄送"文本框输入的多个电子信箱的地址之间，应用_____做分隔。

    A. 冒号（：）　　　　B. 逗号（，）　　　　　C. 分号（；）　　　　D. 空格

14. 关于计算机应用的客户/服务器（client/server，C/S）模式，下列说法正确的是_____。

    A. C/S 模式是一种典型的二层结构，它将应用一分为二，前端是客户机，后端是服务器

    B. C/S 模式只能在局域网中运行，不适用于互联网

    C. 服务器就是只提供服务的计算机

    D. 客户机就是指用户使用的计算机

15. 利用文件传输协议（FTP）的最大优点是可以实现_____。

    A. 异种机和异种操作系统之间的文件传输

    B. 异种机上同一操作系统间的文件传输

    C. 同一操作系统之间的文件传输

    D. 同一机型上不同操作系统之间的文件传输

16. _____是破坏性程序和计算机病毒的根本差异。

    A. 破坏性　　　　B. 寄生性　　　　　C. 潜伏性　　　　D. 传播性

17. 造成计算机中存储数据丢失的原因有_____。

    A. 病毒侵蚀、人为窃取　　　　　　B. 计算机电磁辐射

    C. 计算机存储器硬件损坏　　　　　D. 其他三个选项都正确

18. Internet 实现了分布在世界各地的各类网络的互联，其最基础和核心的协议是_____。

    A. HTTP　　　　　B. FTP　　　　　　C. HTML　　　　D. TCP/IP

19. 一台微型计算机要与局域网连接，必须具有的硬件是_____。

    A. 集线器　　　　B. 网卡　　　　　　C. 网关　　　　D. 路由器

20. 在计算机网络中，"带宽"用_____表示。

    A. 每秒传输多少字符　　　　　　　B. 频率（即 Hz）

    C. 每秒传输多少字节　　　　　　　D. 每秒传输多少二进制位（bit/s）

测试题 6.2

1. 当网络中任何一个工作站发生故障时，都有可能导致整个网络停止工作，这种网络的拓扑结构为_____结构。

    A. 树型　　　　　B. 环型　　　　　　C. 星型　　　　D. 总线型

2. 下列选项中，_____是超文本传输协议。

    A. HTML　　　　　B. FTP　　　　　　C. HTTP　　　　D. Hypertext

3. http://www.snnu.edu.cn/www/index.htm 是一个典型的 URL，其中 www 表示_____。

    A. 目录　　　　　B. 文档名　　　　　C. 服务标志　　　D. 主机域名

4. 下列各项中，非法的 IP 地址是_____。

A. 119. 58. 3. 7　　B. 182. 256. 53. 5　　　C. 234. 106. 5. 10　　　D. 201. 218. 3. 32

5. Internet 采用的协议是_____。

A. X.25　　　　　B. TCP/IP　　　　　C. IEEE 802　　　　　D. IPX/SPX

6. 域名到 IP 地址的转换通过_____实现。

A. IP　　　　　　B. TCP　　　　　　C. DNS　　　　　　D. HTTP

7. 以下电子邮件地址的格式正确的是_____。

A. jsjxy//snnu.edu.cn　　　　　　　　B. jsjxy@snnu.edu.cn

C. jsjxy;snnu.edu.cn　　　　　　　　D. jsjxy snnu.edu.cn

8. 随着微型计算机的广泛应用，大量的微型计算机通过局域网连入广域网，而局域网与广域网的互联是通过_____设备实现的。

A. 集线器　　　　B. 电话交换机　　　C. 网桥　　　　　D. 路由器

9. 计算机病毒主要造成_____。

A. 程序和数据的破坏　　　　　　　　B. 磁盘片的损坏

C. CPU 的破坏　　　　　　　　　　D. 磁盘驱动器的损坏

10. 以下关于防火墙的说法，不正确的是_____。

A. 防火墙采用的是一种隔离技术

B. 防火墙的主要功能是查杀病毒

C. 防火墙虽然能够提高网络的安全性，但不能保证网络绝对安全

D. 防火墙的主要工作原理是对数据包及来源进行检查，阻断被拒绝的数据传输

11. 在 Internet 上浏览时, 浏览器和 www 服务器之间传输网页使用的协议是_____。

A. HTTP　　　　　B. IP　　　　　　C. FTP　　　　　　D. SMTP

12. 以下有关光纤通信的说法中错误的是_____。

A. 光纤通信常用波分多路复用技术提高通信容量

B. 光纤通信是利用光导纤维传导光信号来进行通信的

C. 光纤通信具有通信容量大、保密性强和传输距离长等优点

D. 光纤线路的损耗大，所以每隔 1～2 km 距离就需要中继器

13. 下列说法中，错误的是_____。

A. 计算机病毒会对存储在硬盘中的程序和数据造成破坏

B. 显示器是最常用的计算机输出设备

C. Word 97 属于应用软件

D. 每个汉字的机内码与 ASCII 码一样，只需 1 字节存储

14. 在局域网中，各个节点计算机之间的通信线路是通过_____接入计算机的。

A. 串行输入口　　　　　　　　　　B. 网络适配器（网卡）

C. 第二并行输入口　　　　　　　　D. 第一并行输入口

15. 域名服务（DNS）的主要功能是_____。

A. 为主机自动命名　　　　　　　　B. 方便解析主机的 IP 地址

C. 查询主机的 MAC 地址　　　　　　D. 合理分配 IP 地址

16. 根据域名代码规定，域名中的_____表示主要网络支持中心网站。

A. .net　　　　　　B. .com　　　　　　C. .gov　　　　　　D. .org

17. 接入因特网的每台主机都有一个唯一可识别的地址，称为_____。

A. TCP 地址　　　　B. URL　　　　　　　C. IP 地址　　　　　D. TCP/IP 地址

18. 利用文件传输协议（FTP）的最大优点是可以实现_____。

A. 异种机和异种操作系统之间的文件传输

B. 异种机上同一操作系统间的文件传输

C. 同一操作系统之间的文件传输

D. 同一机型上不同操作系统之间的文件传输

19. 计算机病毒有两种状态，即静态病毒和动态病毒，静态病毒是指_____。

A. 处于未加载状态下，但随时可能执行病毒的传染或破坏作用的病毒

B. 处于已加载状态下，将要执行病毒的传染或破坏作用的病毒

C. 处于已加载状态下，但此时还不具备执行病毒的传染或破坏作用的条件的病毒

D. 处于未加载状态下，不可能执行病毒的传染或破坏作用的病毒

20. 无线移动网络最突出的优点是_____。

A. 资源共享和快速传输信息　　　　　　B. 共享文件和收发邮件

C. 文献检索和网上聊天　　　　　　　　D. 提供随时随地的网络服务参考答案

测试题 6.3

1. 网址 www.snnu.edu.cn 中的 snnu 是在 Internet 中注册的_____。

A. 硬件编码　　　B. 域名　　　　　　C. 软件编码　　　　　D. 密码

2. 使用 Internet Explorer 浏览器时，要迅速将网页保存到收藏夹列表中，请按快捷键_____。

A. Backspace　　　B. F4　　　　　　　C. Alt+←　　　　　　D. Ctrl+D

3. 如果想要控制计算机在 Internet 上可以访问的内容类型，可以使用 IE 的_____功能。

A. 远程控制　　　B. 病毒查杀　　　　C. 实时监控　　　　　D. 分级审查

4. 用 Outlook 接收电子邮件时，收到的邮件中带有回形针状标志，说明该邮件_____。

A. 有附件　　　　B. 没有附件　　　　C. 有黑客　　　　　　D. 有病毒

5. 计算机安全的属性不包括_____。

A. 要保证信息传送时，别人无法理解所发送信息的语义

B. 要保证信息使用的合理性

C. 要保证合法的用户能得到相应的服务

D. 要保证信息传送时，信息不被篡改和破坏

6. 按照网络信号的传输延迟，从小到大排序正确的是_____。

A. 城域网、广域网、局域网　　　　　　B. 局域网、广域网、城域网

C. 城域网、局域网、广域网　　　　　　D. 局域网、城域网、广域网

7. 域名 www.abc.org.cn 表示该组织属于_____。

A. 其他组织　　　B. 政府部门　　　　C. 商业组织　　　　　D. 军事部门

8. 用于显示当前 TCP/IP 配置信息的命令是＿＿＿＿＿＿。

A. ipconfig　　　　B. tracert　　　　　C. ping　　　　　　　D. netstat

9. IE 收藏夹中保存的是＿＿＿＿＿＿。

A. 网页的内容　　　　　　　　　　B. 网页的地址

C. 浏览网页的时间　　　　　　　　D. 浏览网页的历史记录

10. 如果你对网页上的一段图文信息感兴趣，想保存到本地硬盘，最好进行＿＿＿＿＿＿操作。

A. 保存这个文件的源代码

B. 全选这段信息，然后右击弹出快捷菜单，选择"目标另存为"选项，保存到本地硬盘

C. 文字、图片分开复制

D. 执行"文件"菜单中的"另存为"命令，保存为 Web 页格式即可

11. 下面＿＿＿＿＿＿是 FTP 服务器的地址。

A. ftp://www.snnu.edu.cn　　　　　B. http://www.snnu.edu.cn

C. www.snnu.edu.cn　　　　　　　　D. c:\windows

12. 下面对计算机"日志"文件，说法错误的是＿＿＿＿＿＿。

A. 日志文件通常不是 TXT 类型的文件　　B. 系统通常对日志文件有特殊的保护措施

C. 日志文件是由系统管理的　　　　　　D. 日志文件用户可以任意修改

13. 计算机网络中传输介质传输速率的单位是 bit/s，其含义是＿＿＿＿＿＿。

A. 字节/秒　　　　B. 字/秒　　　　　C. 字段/秒　　　　　D. 二进制位/秒

14. 目前使用的防病毒软件的主要作用是＿＿＿＿＿＿。

A. 检查计算机是否被已知病毒感染，并清除该病毒

B. 杜绝病毒对计算机的侵害

C. 查出计算机已感染的任何病毒，清除其中一部分病毒

D. 检查计算机是否感染病毒，消除已被感染的任何病毒

15. 计算机安全属性中的可用性是指＿＿＿＿＿＿。

A. 数据库的数据必须可靠

B. 网络速度要达到一定的要求

C. 软件必须功能完整

D. 得到授权的实体在需要时能访问资源和得到服务

16. 关于 TCP/IP，下列说法不正确的是＿＿＿＿＿＿。

A. Internet 采用的协议

B. 使 Internet 上软、硬件系统差别很大的计算机之间可以通信

C. TCP 用于保证信息传输的正确性，而 IP 用于转发数据包

D. 所谓 TCP/IP 就是由这两种协议组成的

17. 当在搜索引擎中输入"AI book"（用引号括起来的 AI book）时，检索的结果最可能是＿＿＿＿＿＿。

A. 结果中包含 AI 或 book

B. 结果中满足 AI book 这个条件，而不是满足 AI 或 book 任何一个条件

C. 结果中满足 AI 和 book 其中的一个条件

D. 结果中满足 AI 和 book 两个条件

18. URL 的格式 http://www.snnu.edu.cn 中，www.snnu.edu.cn 是指_____。

A. 协议名　　　　B. IP 地址　　　　C. 命令　　　　D. 主机名

19. 当计算机病毒发作时，主要造成的破坏是_____。

A. 对磁盘驱动器的损坏

B. 对存储在磁盘上的程序、数据甚至系统的破坏

C. 对 CPU 的损坏

D. 对磁盘片的物理损坏

20. 计算机网络最突出的优点是_____。

A. 运算速度快　　　　　　　　B. 内存容量大

C. 计算精度高　　　　　　　　D. 实现资源共享和快速通信

第三篇　综合测试篇

综合测试题 1

一、选择题

1. 下列说法中，关于二分查找错误的是_____。
   A. 线性表必须有序
   B. 线性表必须顺序存储
   C. 线性表中允许相邻元素相等
   D. 线性表可以链式存储

2. 算法的时间复杂度与下列哪个因素有关？_____
   A. 运行算法的计算机
   B. 运行算法的程序设计语言
   C. 运行算法时内存空间的占用量
   D. 算法执行的基本运算次数和问题规模

3. 下列说法中正确的是_____。
   A. 矩阵是非线性结构
   B. 线性表中各元素数据类型可以不同
   C. 单链表中各个元素的地址一定是不连续的
   D. 栈的插入和删除操作都限定在表的同一端进行

4. 下列各组排序算法中，最坏情况下比较次数相同的是_____。
   A. 希尔排序和堆排序
   B. 选择排序和冒泡排序
   C. 简单选择排序与堆排序
   D. 简单插入排序与希尔排序

5. 一棵二叉树的深度为 10，其中叶子节点有 512 个，则该二叉树中度为 1 的节点个数是_____。
   A. 2   B. 0   C. 511   D. 1

6. 结构化程序的三种基本控制结构是_____。
   A. 顺序、选择和调用
   B. 顺序、选择和循环
   C. 调用、返回和跳转
   D. 函数、调用和返回

7. 数据模型的三要素是_____。
   A. 数据结构、数据操作和数据约束
   B. 数据定义、数据操作和数据约束
   C. 外模式、模式和内模式
   D. 实体完整性、参照完整性和用户自定义完整性

8. 定义学生、教师和课程的关系模式：S(s#, sname, dept#, headdept, headage)(学号，姓名，所在系，系主任，年龄)；C(c#, cname, p#)(课程号，课程名，选修课)；SC(s#, c#, G)(学号，课程号，成绩)。则该关系为_____。
   A. 1NF   B. 2NF   C. BCNF 范式   D. 3NF

9. 下列叙述中正确的是_____。
   A. 循环链表是循环队列的链式存储结构
   B. 一个数据结构中的每一个节点都有两个指针域，则这个数据结构是二叉树
   C. 节点中具有两个指针域的数据结构可以是线性结构，也可以是非线性结构

D. 循环队列可以是顺序存储，也可以是链式存储

10.下列属于黑盒测试方法的是_____。

A. 路径覆盖　　　B. 基本路径测试　　　C. 逻辑覆盖　　　D. 边界值分析法

11. 在 Word 中编辑一篇文稿时，若需快速选取一个较长段落的文字区域，最快捷的操作方法是_____。

A. 直接用鼠标拖动选择整个段落　　　B. 在段首单击，按住 Shift 键不放再单击段尾

C. 在段落的左侧空白处双击鼠标　　　D. 在段首单击，按住 Shift 键不放再按 End 键

12.教学秘书崔老师在 Word 中草拟一份会议通知，她希望该通知结尾处的日期能够随系统日期的变化而自动更新，最快捷的操作方法是_____。

A. 通过插入日期和时间功能，插入特定格式的日期并设置为自动更新

B. 通过插入对象功能，插入一个可以链接到原文件的日期

C. 直接手动输入日期，然后将其格式设置为可以自动更新

D. 通过插入域的方式插入日期和时间

13. 何老师利用 Word 编辑完成了一篇中英文混合的文档，若希望将文档中所有英文单词的首字母均改为大写字母，最优操作方式是_____。

A. 在自动更正选项中开启"每个单词首字母大写"功能

B. 选中所有文本，然后按 Shift+F4 快捷键

C. 选中所有文本，通过"字体"选项组中的"更改大小写"实现

D. 逐个单词手动修改

14. 张同学需要在 Word 中插入一个利用 Excel 制作好的表格，并希望 Word 文档中的表格内容随 Excel 源文件的数据变化而自动变化，最快捷的操作方法是_____。

A. 在 Word 中通过"插入"→"对象"功能插入一个可以链接到原文件的 Excel 表格

B. 复制 Excel 数据源，然后在 Word 中通过"开始"→"粘贴"→"选择性粘贴"命令进行粘贴链接

C. 复制 Excel 数据源，然后在 Word 右键快捷菜单中选择带有链接功能的粘贴选项

D. 在 Word 中通过"插入"→"表格"→"Excel 电子表格"命令链接 Excel 表格

15. 将 Excel 工作表中 D1 单元格中的公式 MAX（B\$3:C\$8）复制到 E20 单元格后，原来的公式将变为_____。

A. MAX(C\$22:D\$27)　　　　　B. MAX(B\$22:C\$27)

C. MAX(C\$3:D\$8)　　　　　D. MAX(B\$3:C\$8)

16. 小张同学在网站上找到了关于所研究课题的数据表格，并准备将表格中的数据引用到 Excel 中进行分析统计，最优操作方法是_____。

A. 通过复制、粘贴功能将网页数据表格中的数据复制到 Excel 工作表中

B. 利用 Excel 中的"自网站获取外部数据"功能，可直接将网页表格中的数据导入 Excel 工作表中

C. 将包含表格的网页保存为.htm 或.html 格式的文件，然后在 Excel 中直接打开该文件

D. 对照网页上的数据，直接将数据输入 Excel 工作表中

17. 以下对 Excel 高级筛选功能，说法正确的是_____。

A. 高级筛选通常需要在工作表中设置条件区域

B. 利用"数据"选项卡"排序和筛选"组内的"筛选"命令可进行高级筛选

C. 高级筛选之前必须对数据进行排序

D. 高级筛选就是自定义筛选

18. 王同学在 Excel 2019 工作表中根据数据源创建了数据透视表，当数据源发生变化时，就要立即更新数据透视表中的数据，最佳操作方法是＿＿＿＿＿＿。

A. 选中整个数据区域，重新创建数据透视表

B. 单击"选项"，在"数据透视表"对话框中的"数据"下选择"刷新"

C. 单击"选项"，在"数据透视表"对话框中的"排序和筛选"下选择"插入切片器"

D. 单击"选项"，在"数据透视表"对话框中的"操作"下选择"选择/整个数据透视表"

19. 设置 PowerPoint 演示文稿中的 SmartArt 图形动画，要求一个分支形状展示完成后再展示下一分支形状的内容，最优操作方法是＿＿＿＿＿＿。

A. 将 SmartArt 动画效果设置为"一次按级别"

B. 将 SmartArt 动画效果设置为"逐个按分支"

C. 将 SmartArt 动画效果设置为"整批发送"

D. 将 SmartArt 动画效果设置为"逐个按级别"

20. 下列关于 PowerPoint 中对象的操作不正确的是＿＿＿＿＿＿。

A. 可以在 PowerPoint 中直接将彩色图片转换为黑白图片

B. 可以在 PowerPoint 中直接删除图片对象的背景

C. 可以将 PowerPoint 中的图片另存为 PSD 文件格式

D. 可以在 PowerPoint 中直接将图片转换为铅笔素描效果

二、Word 测试题

为了进一步提升师范生的信息化教学素养，促进师范生制作微课、应用微课教学等能力的提升，学校教师教育处计划于 2021 年 9 月 15 日（星期三）晚上 19:00～21:30 在长安校区新勇学生活动中心举办"首届师范生微课设计与教学大赛"活动，拟邀请学校部分老师作为评审专家，针对学生的现场展示进行评审打分。请您制作一批邀请函，并分别发送给评审专家老师。邀请函的内容已经保存在文件"邀请函.docx"中。

请按以下要求，完成邀请函的制作：

（1）调整文档版面，要求页面高度为 15 厘米、宽度为 28 厘米，页边距（上、下）为 2 厘米，页边距（左、右）为 3 厘米。

（2）从互联网上搜索一幅海报背景图片，以文件名"背景图片.jpg"保存，并将其设置为邀请函背景。

（3）所有字体为楷体，字体颜色与背景要有反差。邀请函中内容文字段落对齐方式为两端对齐，且设置首行缩进 2 字符。

（4）"首届师范生微课设计与教学大赛""邀请函"字号为一号，其他内容字号为三号。

（5）"邀请函"与"尊敬的"两段的间距为 1 行，即段前和段后各 0.5 行。单位落款和时间右对齐，其他内容左对齐。

（6）在"尊敬的"和"老师"文字之间，插入拟邀请的老师姓名，拟邀请老师姓名保存在考试文件夹下的"邀请老师姓名.xlsx"文件中。每页邀请函中只能包含一位老师的姓名。为邀请函设置背景（文件名"背景图片.jpg"），所有的邀请函页面另存为"Word 邀请函.docx"文件中。

（7）邀请函文档制作完成后，请保存文件"邀请函.docx"。

三、Excel 测试题

R&D（Research and Development）是指在科学技术领域为增加知识总量以及运用这些知识去创造新的应用进行的系统的创造性的活动，反映了国家的科技实力和核心竞争力。按照下列要求完成对 2016 年、2017 年各地区 R&D 经费情况数据的统计分析。

（1）新建一个空白 Excel 文档，将工作表 Sheet1 更名为"2016 年普查数据"，将 Sheet2 更名为"2017 年普查数据"，将该文档以"R&D 普查数据分析.xlsx"为文件名进行保存。

（2）浏览网页"2016 年全国科技经费投入统计公报.html"，将附表的"2016 年各地区研究与试验发展（R&D）经费情况"表格导入工作表"2016 年普查数据"中；浏览网页"2017 年全国科技经费投入统计公报.html"，将附表的"2017 年各地区研究与试验发展（R&D）经费情况"表格导入工作表"2017 年普查数据"中（要求均从 A1 单元格开始导入，不得对两个工作表中的数据进行排序）。

（3）在两个工作表的标题行"R&D 经费"和"R&D 经费投入强度"两个单元格加上对应的年份信息，对两个工作表中的数据区域套用合适的表格样式，要求至少四周有边框且偶数行有底纹，并将所有 R&D 经费数列的数字格式设为带千分位分隔符且保留两位数字的小数。

（4）将两个工作表内容合并，合并后的工作表放置在新工作表"比较数据"中（自 A1 单元格开始），且保持最左列仍为地区名称、A1 单元格中的列标题为"地区"，对合并后的工作表适当地调整行高、列宽、字体、字号、边框、底纹等，使其便于阅读。删除"全国"数据行后，以"地区"为关键字对工作表"比较数据"进行升序排列。

（5）在合并后的工作表"比较数据"中的数据区域最右边依次增加"经费增长数"和"投入强度变化"两列，计算这两列的值，并设置合适的格式。其中：经费增长数=2017 年 R&D 经费数–2016 年 R&D 经费数；投入强度变化=2017 年 R&D 经费投入强度–2016 年 R&D 经费投入强度。

（6）打开工作簿"统计指标.xlsx"，将工作表"统计数据"插入正在编辑的文档"R&D 普查数据分析.xlsx"中工作表"比较数据"的右侧。

（7）在工作簿"R&D 普查数据分析.xlsx"的工作表"统计数据"中相应单元格内填入统计结果。

（8）基于工作表"比较数据"创建一个数据透视表，将其单独存放在一个名为"透视分析"的工作表中。透视表中要求筛选出 2017 年 R&D 经费数超过 1000 亿元的地区及其经费数、2017 年经费投入强度、经费增长数，并按经费数从多到少排序。最后适当调整透视表中的数字格式（提示：行标签为"地区"，数值项依次为 2017 年 R&D 经费数、2017 年 R&D 经费投入强度、经费增长数）。

四、PowerPoint 测试题

某学校需要向学生宣传垃圾分类的知识，倡议大家做好垃圾分类。请你为学校宣传部门制作一份宣传垃圾分类知识及垃圾分类重要性的演示文稿。

根据"垃圾分类（素材）.docx"文档内容完成演示文稿的制作，制作要求如下：

（1）标题页包含演示主题"垃圾分类知识介绍"、制作单位"希望小学"、日期信息，其中日期能够自动显示为演示文稿播放的日期，日期格式类似于"2021 年 8 月 1 日"。

（2）为演示文稿指定一个主题，幻灯片不少于 5 页，版式使用不少于 3 种。

（3）演示文稿中除必要的文字描述外，还要包含两张以上的图片，并设置至少两个超链接实现幻灯片之间的跳转。

（4）设置多样化的动画效果，设置多重幻灯片演示切换效果。

（5）演示文稿第一页添加背景音乐。

（6）演示文稿需要包含一段视频，在文稿演示时可以自动播放。

（7）在演示文稿的最后新建空白页并插入艺术字，内容为"保护环境，人人有责"。

（8）将制作完成的演示文稿以"垃圾分类.pptx"文件名进行保存。

综合测试题 2

一、选择题

1. 下列对于线性链表的描述中正确的是_____。

A. 存储空间不一定连续，且各元素的存储顺序是任意的

B. 存储空间不一定连续，且前件元素一定存储在后件元素的前面

C. 存储空间必须连续，且前件元素一定存储在后件元素的前面

D. 存储空间必须连续，且各元素的存储顺序是任意的

2. 希尔排序属于_____。

A. 交换排序　　　　　　　　　　B. 归并排序

C. 选择排序　　　　　　　　　　D. 插入排序

3. 已知二叉树后序遍历序列是 dabec，中序遍历序列是 debac，它的前序遍历序列是_____。

A. acbed　　　　　　　　　　　B. decab

C. deabc　　　　　　　　　　　D. cedba

4. 在软件生命周期中，能准确地确定软件系统必须做什么和必须具备哪些功能的阶段是_____。

A. 概要设计　　　　　　　　　　B. 详细设计

C. 可行性分析　　　　　　　　　D. 需求分析

5. 计算机中的缓冲技术用于_____。

A. 提供主、辅存接口　　　　　　B. 扩充相对地址空间

C. 提高主机和设备交换信息的速度　　D. 提高设备利用率

6. 用树形结构表示实体之间联系的模型是_____。

A. 关系模型　　　　　　　　　　B. 网状模型

C. 层次模型　　　　　　　　　　D. 以上三个都是

7. 下面不属于软件工程的三个要素的是_____。

A. 工具　　　　　　　　　　　　B. 过程

C. 方法　　　　　　　　　　　　D. 环境

8. 用高级程序设计语言编写的程序_____。

A. 计算机能直接执行　　　　　　B. 可读性和可移植性好

C. 可读性差但执行效率高　　　　　　D. 依赖于具体机器，不可移植

9. 关系 R 经过运算 $\pi_{A,B}(\sigma_{A=B \wedge C>'d' \wedge D>'c'}(R))$ _____。

A	B	C	D
2	2	b	d
1	6	a	b
4	4	w	d
3	3	f	a

A. (4,4)　　　　　B. (1,6)　　　　　C. (4,4)　　　　　D. (3,3)

10. 定义课程关系模式如下：Course(C#, Cname, Cr, PC1#, PC2#)(课程号，课程名，学分，先修课程1，先修课程2)，不同课程的课程名有可能相同，该关系最高是_____。

A. 1NF　　　　　B. 2NF　　　　　C. 3NF　　　　　D. BCNF

11. 李同学正在将一份文档中的若干应用了"标题二"样式的段落格式调整为"段前 10 磅，单倍行距，首行缩进两字符"，下列操作中最优的是_____。

A. 将一个段落设置为"段前 10 磅，单倍行距，首行缩进两字符"，然后利用格式刷功能将格式复制到剩余的需要修改的段落

B. 逐一将各个段落设置为"段前 10 磅，单倍行距，首行缩进两字符"

C. 借助查找替换功能，将"样式：标题一"替换为"段前 10 磅，单倍行距，首行缩进两字符"

D. 修改"标题一"的样式，将其段落设置为"段前 10 磅，单倍行距，首行缩进两字符"

12. 王同学要将一份 Word 文档的内容用稿纸格式输出，下列操作中最佳的是_____。

A. 调整文档内容的字号、字体，然后打印到稿纸上

B. 单击"插入"，然后选中"表格"，按照稿纸格式制作表格，最后将文字内容复制入表格中

C. 单击"页面布局"，选中"稿纸设置"，单击"使用稿纸方式"，设置稿纸的规格等参数，确定后再打印即可

D. 单击"页面布局"，选中"页面设置"，单击"绘制网格"，设置好文字排列方向、每页中的字数以及每行中的字数，单击"显示网格"，然后打印输出即可

13. 在 Word 2019 中，下列叙述错误的是_____。

A. 尾注和脚注都是对文本的补充说明

B. 脚注位于页面的底部页脚部分

C. 尾注位于文档的末尾，尾注和脚注可以互相转换

D. 尾注可以插入页脚中

14. 李老师因结婚需要制作 50 份邀请宾客的邀请函，快速制作这 50 份邀请函的最佳方法是_____。

A. 利用 Word 的邮件合并功能自动生成

B. 发动同事帮忙制作邀请函，每个人做几份

C. 先在 Word 中制作好一份邀请函，利用复制、粘贴功能生成 50 份，然后分别添加宾客名称进行制作

D. 先做好一份邀请函，复印 50 份，然后在每一份复印件上手工填写客户名称

15. 在 Excel 2019 中，当单元格中出现#N/A 时，表示_____。

A. 公式中有 Excel 不能识别的文本　　　B. 公式或函数使用了无效数字值

C. 引用的单元格无效　　　　　　　　　D. 公式中无可用的数据或缺少函数参数

16. 在 Excel 2019 中，关于"自动套用格式"对话框叙述正确的是_____。

A. 可以修改套用格式的图案，但不能修改边框

B. 可以修改套用格式的对齐方式，但不能修改字体

C. 可以修改套用格式的行高，但不能修改列宽

D. 以上叙述都不正确

17. 在 Excel 工作表 D 列保存了 11 位的电话号码信息，为了保护隐私，将电话号码的第 2、3 位和第 8、9、10 位都用"*"表示，以 K2 单元格为例，下列操作最佳的是_____。

A. =REPLACE(K2,2,2,"**")+REPLACE(K2,8,3,"***")

B. =REPLACE(K2,2,2,"**",8,3,"***")

C. =REPLACE((K2,8,3,"***"),3,2,"**")

D. =REPLACE(K2,8,3,"***",3,2,"**")

18. 下列说法不正确的是_____。

A. 当单元格中的文字变大时，Excel 会自动调整行高和列宽

B. 双击某列标的边线时，Excel 会自动调整列宽

C. 双击某行号边线时，Excel 会自动调整行高

D. 当单元格中的文字变大时，Excel 会自动调整行高，但不会自动调整列宽

19. 将一段 30 秒的声音插入 PowerPoint 2019 幻灯片中，最快捷的操作方法是_____。

A. 利用其他软件录制好音频并保持,然后利用 PowerPoint 的插入音频功能插入幻灯片中

B. 利用 PowerPoint 2019 内置的屏幕录制功能进行录制并插入幻灯片中

C. 利用 PowerPoint 2019 内置的录制音频功能进行录制并插入幻灯片中

D. 利用 PowerPoint 2019 内置的屏幕剪辑功能进行录制并插入幻灯片中

20. 一个 PowerPoint 2019 文档包含大量图片，在保存时减少占用存储空间的操作是_____。

A. 对文档中的图片逐个裁剪　　　　　　B. 将文档中图片的背景进行删除

C. 对文档中的图片逐个压缩存储　　　　D. 保存时使用"压缩图片"选项

二、Word 测试题

某高校为了推广智慧教育教学理念，提升教师在智慧教育背景下教学创新与教学实践能力，该校教师教学发展中心计划于 2021 年 9 月 9 日（星期四）15:00～17:00 在雁塔校区崇鋈楼学思堂举办题为"智慧教育背景下的教学创新思路与途径"的报告，主讲嘉宾为现代教学技术教育部重点实验室的何西教授。

请根据上述活动的描述，使用 Microsoft Word 制作一份宣传海报，海报主要内容保存在"海报.docx"文件中，海报样式请参考"海报样例.png"文件。具体要求如下：

（1）调整文档版面，要求页面高度为 35 厘米，页面宽度为 27 厘米，页边距（上、下）为 5 厘米，页边距（左、右）为 3 厘米。

（2）将文件夹下的图片"背景图片.jpg"设置为海报背景。

（3）"智慧教育教学系列讲座（1）"以页眉的形式插入。

（4）在"主讲嘉宾："位置后面输入报告人姓名"何西教授"。插入文件夹下的"报告人.png"图片，调整图片在文档中的大小，并放于适当位置，不要遮挡文档中的文字内容，并删除图片中人物肖像周围的背景。

（5）根据页面布局需要，调整海报内容中"主讲嘉宾""报告内容""地点与时间""报名与参会""主办单位"信息的段落间距。

（6）在"报名与参会"段落下面，利用 SmartArt，制作本次活动的报名流程（扫描二维码在线报名、邮件确认、现场扫描二维码参会）。

（7）在"主办：教师教学发展中心"位置后，复制其他培训日程安排（请参考"培训日程安排.xlsx"文件），要求表格内容引用 Excel 文件中的内容，若 Excel 文件中的内容发生变化，Word 文档中的日程安排信息随之发生变化。

（8）保存海报文件。

三、Excel 测试题

小方在证券公司销售交易部工作，需要针对公司上半年的股票销售情况进行统计分析，并根据全年销售计划执行进行评估。按照如下要求完成该项工作：

（1）在文件夹下，打开"Excel 素材.xlsx"文件，将其另存为"Excel.xlsx"（"xlsx"为扩展名），之后所有的操作均基于此文件。

（2）在"销售业绩表"工作表的"个人销售总计"列中，通过公式计算每名销售人员1～6月的销售总和。

（3）在"销售业绩表"工作表的"月平均销售"列中，通过公式计算每名销售人员1～6月的月平均销售额。

（4）依据"个人销售总计"列的统计数据，在"销售业绩表"工作表的"销售排名"列中通过公式计算销售排行榜，个人销售总计排名第一的，显示"第1名"；个人销售总计排名第二的，显示"第2名"；以此类推。

（5）在"按月统计"工作表中，利用公式计算1月～6月的销售达标率，即销售额大于60000元的人数所占比例，并填写在"销售达标率"行中。要求以百分比格式显示计算数据，并保留2位小数。

（6）在"按月统计"工作表中，分别通过公式计算各月排名第1、第2和第3的销售业绩，并填写在"销售第一名业绩"、"销售第二名业绩""销售第三名业绩"所对应的单元格中。要求使用人民币会计专用数据格式，并保留2位小数。

（7）依据"销售业绩表"中的数据明细，在"按部门统计"工作表中创建一个数据透视表，并将其放置于 A1 单元格。要求可以统计出各部门的人员数量、各部门的销售额占销售总额的比例以及各部门月平均销售额，各部门月平均销售额要求使用人民币会计专用数据格式，并保留2位小数。数据透视表效果可参考"按部门统计"工作表中的样例。

（8）在"销售评估"工作表中创建一个标题为"销售评估"的图表，借助此图表可以清晰反映每月"A 类股票销售额"和"B 类股票销售额"之和与"计划销售额"的对比情况。图表效果可参考"销售评估"工作表中的样例。

四、PowerPoint 测试题

小李被要求制作一份 PowerPoint 演示文稿。他需要将 2020 年全国未成年人互联网使用情况研究报告 Word 文档（请参考 "2020 年全国未成年人互联网使用情况研究报告.docx" 文件）中的内容制作为可以向学校共青团进行展示的 PowerPoint 演示文稿。

请你根据 2020 年全国未成年人互联网使用情况研究报告中的内容，依据如下要求完成演示文稿的制作。

（1）创建一个新演示文稿，内容包含 "2020 年全国未成年人互联网使用情况研究报告.docx" 文件中所包含的要点，包括：

① 基于 Word 文档中的内容顺序编辑演示文稿中的内容，演示文稿内容仅需要包含 Word 文档中应用了 "标题 1" "标题 2" "标题 3" 样式的文字内容。

② Word 文档中使用 "标题 1" 样式的文字制作为演示文稿中每页幻灯片的标题文字。

③ Word 文档中使用 "标题 2" 样式的文字制作为演示文稿中每页幻灯片的第一级文本内容。

④ Word 文档中使用 "标题 3" 样式的文字制作为演示文稿中每页幻灯片的第二级文本内容。

（2）将演示文稿中的首页幻灯片版式设置为 "标题幻灯片" 版式。

（3）选择一个主题样式应用到演示文稿。

（4）在标题为 "未成年人互联网应用的使用情况" 的幻灯片页中，插入一个簇状条形图，该条形图包含三个类别："有用" "没用" "没想过/说不清"，以及两个系列："2019" "2020"。

（5）在标题为 "未成年人网络安全与权益保护" 的幻灯片页中，利用 SmartArt 图形展现文本框中的文字内容。

（6）在该演示文稿中创建一个自定义演示方案，将该演示方案命名为 "自定义放映"，该演示方案包含第 1、2、3、4、7 页幻灯片内容。

（7）将所有幻灯片的切换效果设置为 "推进" 切换效果，并确保所有幻灯片的切换效果相同。

（8）保存制作完成的演示文稿，并将其命名为 "2020 年全国未成年人互联网使用情况研究报告.pptx"。

综合测试题 3

一、选择题

1. 在软件工程中，白盒测试法可用于测试程序的内部结构。此方法将程序看作_____。

A. 循环的集合　　B. 地址的集合　　　C. 路径的集合　　　　D. 目标的集合

2. 下列叙述正确的是_____。

A. 关系模式的候选关键字只能有 1 个

B. 关系模式的候选关键字必须有 2 个或以上

C. 关系模式可以没有候选关键字

D. 关系模式的候选关键字可以有 1 个或以上

3. 如果进栈序列为 e1,e2,e3,e4，则可能的出栈序列是_____。

A. e3,e1,e4,e2　　　B. e2,e4,e3,e1　　　C. e3,e4,e1,e2　　　D. e4,e3,e1,e2

4. 已知一棵二叉树前序遍历和中序遍历分别为 ABDEGCFH 和 DBGEACHF，则该二叉树的后序遍历为_____。

A. GEDHFBCA　　B. DGEBHFCA　　　C. ABCDEFGH　　　D. ACBFEDHG

5. 在设计程序时，应采纳的原则之一是_____。

A. 不限制 goto 语句的使用　　　　　B. 减少或取消注解行

C. 程序越短越好　　　　　　　　　　D. 程序结构应有助于读者理解

6. 为了使模块尽可能独立，要求_____。

A. 模块的内聚程度要尽量高，且各模块间的耦合程度要尽量高

B. 模块的内聚程度要尽量高，且各模块间的耦合程度要尽量低

C. 模块的内聚程度要尽量低，且各模块间的耦合程度要尽量低

D. 模块的内聚程度要尽量低，且各模块间的耦合程度要尽量高

7. 下列叙述中正确的是_____。

A. 线性表中的各元素数据类型可以相同也可以不同

B. 矩阵是非线性结构

C. 线性表只能做插入和删除操作

D. 栈和队列是在插入和删除操作受到限制的线性表

8. 定义学生选修课程的关系模式如下：

S(S#,Sname,Sdept,Sage)(学号,姓名,所在系名,年龄)

C(C#,Cname,P#)(课程号,课程名,先行课号)

SC(S#,C#,Grade)(学号,课程号,成绩)

下列哪个表达式可以检索选修了先行课为 3 且成绩大于 85 分的学生的姓名和所在系且效率较高？_____

A. $\pi_{Sname,Sdept}(\pi_{S\#,C\#}(\sigma_{C\#=3 \wedge Grade>85}(C \bowtie SC)) \bowtie S)$

B. $\pi_{Sname,Sdept}(\sigma_{P\#=3 \wedge Grade>85}(C \bowtie SC \bowtie S)$

C. $\pi_{Sname,Sdept}(\pi_{S\#,C\#}(\sigma_{P\#=3}(C) \bowtie S \bowtie \sigma_{Grade>85}(SC)))$

D. $\pi_{Sname,Sdept}(\pi_{C\#}(\sigma_{P\#=3}(C)) \bowtie \pi_{S\#,C\#}(\sigma_{Grade>85}(SC)) \bowtie S)$

9. 在关系数据库的三级模式中，外模式有_____。

A. 1 个　　　　　B. 2 个　　　　　C. 3 个　　　　　D. 任意多个

10. 循环队列存储空间为 20 个，初始状态时 front=rear=15，经过一系列正常的入队和出队操作后，front=rear=10，此时从队列中退出一个元素，则循环队列中的元素个数为_____。

A. 19 个　　　　　B. 15 个　　　　　C. 0 个　　　　　D. 19 个或者 0 个

11. 将一份 Word 文档中的大写英文字母改为小写，下列操作中最佳的是_____。

A. 单击"审阅"选项卡，执行"格式"组中的"更改大小写"命令

B. 单击"开始"选项卡，执行"字体"组中的"更改大小写"命令

C. 右击，执行快捷菜单中的"更改大小写"命令

D. 单击"引用"选项卡，执行"格式"组中的"更改大小写"命令

12. Word 2019 中，下列叙述正确的是_____。

A. 若没有进行特别设置，不会自动保存文档

B. 自动保存时间间隔默认为 10 秒钟

C. 可以将自动保存时间间隔设置为 120 分钟

D. 单击"文件"选项卡，选择"选项"选项，弹出"Word 选项"对话框，将自动保存时间间隔设置为 125 分钟

13. 在一份 Word 文档中，需要选中从第 4 段开始到文档末尾的全部内容，下列操作方法最佳的是_____。

A. 单击第 4 段开始的位置，按 Ctrl+Shift+End 快捷键

B. 单击第 4 段开始的位置，按 Ctrl+A 快捷键

C. 单击第 4 段开始的位置，按 Alt+Ctrl+Shift+PageDown 快捷键

D. 单击第 4 段开始的位置，按住 Shift 键，单击文件末尾位置

14. 小高同学在编辑一份 Word 文档的过程中，需要插入一幅某计算机应用程序窗口画面的插图，下列操作中最佳的是_____。

A. 打开该计算机应用程序窗口，在 Word 文档中单击"插入"选项卡，单击"插图"组中的"屏幕截图"下拉按钮进行操作即可

B. 打开该计算机应用程序窗口，按 PrintScreen 键，然后在 Word 文档的指定位置进行粘贴操作即可

C. 打开该计算机应用程序窗口，按 Alt+PrintScreen 快捷键，然后在 Word 文档的指定位置进行粘贴操作即可

D. 打开该计算机应用程序窗口，再打开已经安装好的截屏工具软件，截取后粘贴至 Word 文档的相应位置即可

15. 在 Excel 2019 工作表中有"单位"与"销售额"等项目，现已对该工作表建立了"自动筛选"，如下说法中，错误的是_____。

A. 可以筛选出"单位"名字的第二个字为"州"的所有单位

B. 可以同时筛选出"销售额"在 10000 元以上与在 5000 元以下的所有单位

C. 可以筛选出"销售额"前 5 名或者后 5 名

D. 不可以筛选出"单位"名的第一个字为"湖"字，同时"销售额"在 10000 元以上的数据

16. 在 Excel 2003 中，下列操作不能调整行高的是_____

A. 单击行号以选中某一行，再从"格式"菜单中选择"行"选项，接着从下级菜单中选择"行高"选项

B. 右击某行中任意单元格（此时并没有选中整行），再从弹出的菜单中选择"行"选项

C. 右击行号，从弹出的菜单中选择"行高"选项

D. 将鼠标移到两个行号之间，当鼠标指针变成垂直方向带箭头的"十"字时，上下移动鼠标可以调整行高

17. 不可以在 Excel 工作表中插入的迷你图类型是_____。

A. 迷你盈亏图　　B. 迷你折线图　　　C. 迷你散点图　　　　D. 迷你柱形图

18. 在 Excel 中，若将所有放置了常量的单元格选中，最佳操作方法是_____。

A. 通过高级筛选，筛选出所有包含公式的单元格

B. 单击"查找和选择"按钮，在其下拉菜单中选择"查找"选项，可定位出所有使用公式的单元格

C. 单击"查找和选择"按钮，在其下拉菜单中选择"常量"选项

D. 按 Ctrl 键，逐个选择使用公式的单元格

19. 下列视图中，不属于 PowerPoint 2019 视图的是_____。

A. 页面视图　　　　B. 大纲视图　　　　C. 备注页视图　　　　D. 幻灯片视图

20. 在"幻灯片放映"选项卡中，不可以进行的操作有_____。

A. 设置幻灯片放映时的分辨率　　　　　B. 设置幻灯片的背景样式

C. 选择幻灯片的放映方式　　　　　　　D. 设置幻灯片的放映方式

二、Word 测试题

王红红是一个 2021 年的高考毕业生，想要报考东方红大学，但不知道这个大学的具体情况，在东方红大学的官网上看到了他们的招生简章，还在网上搜集了一些往年一些专业的录取分数线，想要将其整理成一个美观的简介 Word 文档。

王红红同学看到的信息已经被保存在文档"东方红大学招生信息.docx"中。

请按如下要求，帮助王红红同学完成东方红大学招生信息的制作：

（1）调整文档纸张大小为 A4 幅面，纸张方向为纵向；并调整上、下页边距为 2.5 厘米，左、右页边距为 3.2 厘米，设置文字水印页面背景，文字为"东方红大学"，水印颜色为半透明的红色，版式为水平。

（2）将红色文字应用为"填充-蓝色，着色 1，阴影"的字体样式，并将其字体设置为黑体，字号设置为一号后居中。

（3）打开文件夹下的"Word_样式标准.docx"文件，将其文档样式库中的"标题 1，标题样式一"和"标题 2，标题样式二"复制到 Word.docx 文档样式库中。

（4）将 Word.docx 文档中的所有绿颜色文字段落应用为"标题 1，标题样式一"段落样式。

（5）将 Word.docx 文档中的所有蓝颜色文字段落应用为"标题 2，标题样式二"段落样式。

（6）将文档中出现的全部"软回车"符号（手动换行符）更改为"硬回车"符号（段落标记）。

（7）修改文档样式库中的"正文"样式，使文档中所有正文段落首行缩进 2 个字符，行间距设置为 1.5 倍行距。

（8）为文档添加页眉，并将当前页中样式为"标题 1，标题样式一"的文字自动显示在页眉区域中。

（9）在文档的标题"四、相关政策"前插入一个空段落，并按照下面的数据方式在此空段落中插入一个折线图图表，将图表的标题命名为"东方红大学各专业历年录取分数线"。

年份	数学类	计算机类	地理科学类
2017	589	571	573
2018	594	576	577
2019	593	572	571
2020	577	548	552

（10）将完成排版的文档先以原 Word 格式即文件名"东方红大学招生信息.docx"进行保存，再导出一份同名的 PDF 文档进行保存。

三、Excel 测试题

小李在一家影城有限公司担任市场部助理，主要的工作职责是为部门经理提供销售信息的分析和汇总。

请你根据销售数据报表（Excel.xlsx 文件），按照如下要求完成统计和分析工作。

（1）请对"订单明细表"工作表进行格式调整，通过套用表格格式的方法将所有的销售记录调整为一致的外观格式，并将"单价"列和"小计"列所包含的单元格调整为"会计专用"（人民币）数字格式。

（2）根据影片编码，请在"订单明细表"工作表的"电影名称"列中，使用 VLOOKUP 函数完成电影名称的自动填充。"电影名称"和"影片编码"的对应关系在"编码对照"工作表中。

（3）根据影片编码，请在"订单明细表"工作表的"单价"列中，使用 VLOOKUP 函数完成影片单价的自动填充。"单价"和"影片编码"的对应关系在"编码对照"工作表中。

（4）在"订单明细表"工作表的"小计"列中，计算每笔订单的销售额。

（5）根据"订单明细表"工作表中的销售数据，统计所有订单的总销售金额，并将其填写在"统计报告"工作表的 B3 单元格中。

（6）根据"订单明细表"工作表中的销售数据，统计《北平会馆》影片在 2020 年的总销售额，并将其填写在"统计报告"工作表的 B4 单元格中。

（7）根据"订单明细表"工作表中的销售数据，统计元华路店在 2020 年第 2 季度的总销售额，并将其填写在"统计报告"工作表的 B5 单元格中。

（8）根据"订单明细表"工作表中的销售数据，统计东旧街店在 2020 年的每月平均销售额（保留 2 位小数），并将其填写在"统计报告"工作表的 B6 单元格中。

（9）保存 Excel.xlsx 文件。

四、PowerPoint 测试题

你们小组承担了历史课"人类文明发展简史"小组项目的研究，为了很好地汇报并展示小组的项目，请完成演示文稿的设计。

请根据"人类文明的发展简史-素材.docx"文档内容完成演示文稿的制作，制作要求如下：

（1）演示文稿包含七张幻灯片，设计第一张为"标题幻灯片"版式，第二张为"仅标题"版式，第三到第六张为"两栏内容"版式，第七张为"空白"版式；所有幻灯片统一设置背景样式，要求有预设渐变。

（2）第一张幻灯片标题为"人类文明的发展简史"，副标题为"人类文明的四个重要阶段"；第二张幻灯片标题为"人类文明的四个重要阶段"；在标题下面空白处插入 SmartArt 图形，要求含有四个文本框，在每个文本框中依次输入"原始文明""农业文明""工业""生态文明"，更改图形颜色，适当调整字体、字号。

（3）第三张至第六张幻灯片，标题内容分别为素材中各段的标题；左侧内容为各段的文字介绍，加项目符号，右侧为相对应的图片。在第七张幻灯片中插入艺术字，内容为"谢谢！"。

（4）为第一张幻灯片的副标题、第三到第六张幻灯片的图片设置动画效果，第二张幻灯

片的四个文本框超链接到相应内容幻灯片；为所有幻灯片设置切换效果。

（5）为除了标题幻灯片以外的幻灯片设置编号、页脚以及自动更新的演示日期信息。

（6）为演示文稿设置背景音乐。

（7）将制作完成的演示文稿以"人类文明的发展简史.pptx"文件名进行保存。

综合测试题 4

一、选择题

1. 下列叙述中错误的是＿＿＿＿＿＿。

A. 虚拟存储器是将外存空间当作内存的一部分

B. 计算机的各种外部设备是以文件形式提供给用户的

C. 文件系统的传统模型为层次模型，层次模型对支持单个文件系统比较合适

D. 文件按不同的组织方式在外存上存放，但是其物理结构均相同

2. 下列叙述中错误的是＿＿＿＿＿＿。

A. 字长是 CPU 一次能处理的二进制数据的位数，字长越长，计算机的处理速度越快

B. 主频即 CPU 的时钟频率。主频越高，CPU 的运行速度就越快

C. 运算速度通常是指每秒钟所能执行的加法指令数目，以百万次/秒（MIPS）来表示

D. CPU 中寄存器的数量和每个寄存器的大小可以决定 CPU 的性能和速度

3. 下列关于算法的时间复杂度陈述正确的是＿＿＿＿＿＿。

A. 算法的时间复杂度是指执行算法程序所需要的时间

B. 算法的时间复杂度与所使用的计算机、算法实现的程序设计语言密切相关

C. 算法的时间复杂度是指算法执行过程中所需要的基本运算次数

D. 算法的时间复杂度是指算法程序中的指令条数

4. 循环队列的主要特点是＿＿＿＿＿＿。

A. 队头 front 指针指向队头元素的前一个位置

B. 队尾指针 rear 指向队列中最后一个元素

C. 循环队列初始状态为空，即 front=rear=m（m 为队列长度）

D. 循环队列中，当 front=rear 时，队列是空的

5. 软件调试的目的是＿＿＿＿＿＿。

A. 发现错误　　　　B. 改正错误　　　　C. 改善软件的性能　　　D. 挖掘软件的潜能

6. 数据库设计包括两个方面的设计内容，它们是＿＿＿＿＿＿。

A. 概念设计和逻辑设计　　　　　　　B. 模式设计和内模式设计

C. 内模式设计和物理设计　　　　　　D. 结构特性设计和行为特性设计

7. 下列叙述错误的是＿＿＿＿＿＿。

A. 顺序查找从线性表的第一个元素开始，最好情况下比较 1 次，最坏情况下比较 n 次

B. 无序的线性表必须用顺序查找法进行查找

C. 有序的链表必须用顺序查找法进行查找

D. 有序的线性表可以用二分查找法进行查找

8. 定义学生选修课程的关系模式如下：

S(S#, Sname, Sdept, Sage)(学号，姓名，所在系名，年龄)

C(C#, Cname, P#)(课程号，课程名，先行课号)

SC(S#, C#, Grade)(学号，课程号，成绩)

下列哪个表达式可以检索选修了课程号为 8 且成绩大于 85 分的学生的学号、姓名、课程名和成绩？ _____

A. $\pi_{S\#,Sname,Cname,Grade}(\pi_{S\#,C\#}(\sigma_{C\#=8 \wedge Grade>85}(SC))\bowtie C\bowtie S)$

B. $\pi_{S\#,Cname,Grade}(\sigma_{C\#=8 \wedge Grade>85}(SC)\bowtie C)\bowtie \pi_{S\#,Sname}(S)$

C. $\pi_{S\#,Sname,Cname,Grade}(\sigma_{C\#=8}(C)\bowtie S\bowtie \sigma_{Grade>85}(SC))$

D. $\pi_{C\#,Cname}(\sigma_{C\#=8}(C))\bowtie \sigma_{Grade>85}(SC)\bowtie \pi_{S\#,Sname}(S)$

9. 一组待排序序列为（46,79,56,38,40,84），则利用堆排序的方法建立的初始堆为_____。

A. 79,46,56,38,40,80　　　　　　　　B. 84,79,56,38,40,46

C. 84,79,56,46,40,38　　　　　　　　D. 84,56,79,40,46,38

10. 在数据流图（DFD）中，带有名字的箭头表示_____。

A. 模块之间的调用关系　　　　　　　B. 程序的组成成分

C. 控制程序的执行顺序　　　　　　　D. 数据的流向

11. 李老师有三部 Word 文档的书稿，其中一部书稿中设置好了符合出版要求的各级标题的样式，并准备将该样式应用于其他两部书稿中，下列操作中最佳的是_____。

A. 根据制作好的样式中的格式，打开新书稿修改同名样式中的格式

B. 将这部书稿保存为模板，基于该模板创建文档并将其余两部书稿的内容复制过来

C. 将制作好样式的格式利用格式刷功能复制到其余两部书稿

D. 利用"管理样式"对话框中的功能将样式复制到其余两部书稿文档中

12. 下列叙述正确的是_____。

A. "分散对齐"是左右两端都要对齐，字符少的要加大间隔，将字符分散开以使两端对齐

B. "分散对齐"是左右两端都要对齐，字符少的要靠左对齐

C. "分散对齐"是段落两端只要有一端对齐即可

D. "分散对齐"是段落的第一行右对齐，其余行左对齐

13. 在 Word 的编辑状态，文档窗口显示出水平标尺，则当前的视图方式是_____。

A. 一定是普通视图方式　　　　　　　B. 一定是普通视图方式或页面视图方式

C. 一定是页面视图方式　　　　　　　D. 一定是大纲视图方式

14. 一个 Word 文档中有 15 个表格，如果要将 15 个表格中的内容进行统一设置，下列操作方式最佳的是_____。

A. 同时选中所有的 15 个表格，统一设置字体和边框格式

B. 逐个选中 15 个表格，逐一设置字体和边框格式

C. 通过"新建表样式"命令创建所需的字体和边框格式，然后选中每个表格进行样式选取即可

D. 选中一个表格，设置字体和边框格式，利用格式刷功能将该设置复制到其他表格中

15. 一张 Excel 工作表中，"性别"列只能输入"男"或"女"，否则系统提示出错信息，

最佳操作是_____。

　　A. 设置数据验证，可以在输入无效信息时发出警告

　　B. 手工检查，发现错误内容时标记为红色

　　C. 利用条件函数进行判断

　　D. 利用条件格式，标记不符合要求的数据

　　16. 一个工作簿中包含 15 张工作表，分别是八年级 15 个班的数学成绩，并分别以班号 801、802、…、815 命名，快速切换到"804"班表格的操作是_____。

　　A. 在"开始"选项卡，单击"查找和选择"按钮，选中"定位条件"进行设置，即可转至"804"

　　B. 在工作表标签左侧的导航栏中单击左右键按钮，从列表中选择"804"

　　C. 在编辑栏左侧"名称框"中输入"804"，然后按回车键

　　D. 在工作表标签左侧的导航栏中右击，从快捷菜单中选择"804"

　　17. 在 Excel 中某单元格的公式为"=IF("年级"＞"年级组", TRUE, FALSE)"，其计算结果为_____。

　　A. TRUE　　　　　B. FALSE　　　　　　C. 年级　　　　　　　D. 年级组

　　18. Excel 2019 中关于图表说法错误的是_____。

　　A. 通过"插入"菜单可以插入图表

　　B. 删除图表对其来源数据没有影响

　　C. 删除数据对根据该数据所生成的图表没有影响

　　D. 图表有二维图表和三维图表

　　19. 若将 PowerPoint 2019 文档中标题的中文字体和英文字体分别设置为"楷体"和"Arial"，正文中的中、英文字体也分别设置为"宋体"和"Calibri"，下列操作最优的是_____。

　　A. 通过自定义主题字体进行设置

　　B. 通过母版中的"字体"对话框进行设置

　　C. 通过"替换字体"功能进行设置

　　D. 在一张幻灯片中对标题、正文进行设置，利用格式刷复制到其他幻灯片

　　20. 在"幻灯片放映"选项卡中，不可以进行的操作有_____。

　　A. 设置幻灯片放映时的分辨率　　　　　B. 设置幻灯片的放映方式

　　C. 选择幻灯片的放映方式　　　　　　　D. 设置幻灯片的背景样式

二、Word 测试题

　　我国是世界上人口最多的国家，我们进行社会主义现代化建设，发扬社会主义民主，做好民生工作，都需要有翔实、准确的人口数据，而人口普查就是取得人口数据的重要途径。定期开展人口普查的意义就是查清我国人口在数量、结构、分布和居住环境等方面的情况变化，为科学制定国民经济和社会发展规划，统筹安排人民的物质和文化生活，实现可持续发展战略，构建社会主义和谐社会提供科学、准确的统计信息支持。

　　某高校的教师想在政治课上向学生展示最新的人口普查结果，我国第七次人口普查结果已保存在文件"2020 年第七次全国人口普查报告.docx"中。

　　请按如下要求，帮助这个老师完成 2020 年第七次全国人口普查报告的制作。

（1）将纸张大小设为 16 开，上边距设为 3.2 厘米、下边距设为 3 厘米，左、右页边距均设为 2.5 厘米。

（2）利用素材前三行内容为文档制作一个封面页，令其独占一页（参考样例详见文件"2020年第七次全国人口普查报告封面样例.png"）。

（3）将标题"（一）全国人口年龄构成"下用蓝色标出的段落部分转换为表格，为表格套用一种表格样式，使其更加美观。基于该表格数据，在表格下方插入一个饼图，用于反映各种咨询形式所占比例，要求在饼图中仅显示百分比。

（4）将文档中以"一、""二、"等开头的段落设为"标题 1"样式；以"（一）""（二）"等开头的段落设为"标题 2"样式；以"1、""2、"等开头的段落设为"标题 3"样式。

（5）为正文第 3 段中用红色标出的文字"国家统计局官网"添加超链接，链接地址为"http://www.stats.gov.cn/tjsj/"。同时在"国家统计局官网"后添加脚注，内容为"http://www.stats.gov.cn/tjsj/"。

（6）将除封面外的所有内容分为两栏显示，但是前述表格及相关图表仍需跨栏居中显示，无须分栏。

（7）在封面页与正文之间插入目录，目录要求包含标题第 1～3 级及对应页号。目录单独占用两页，且无须分栏。

（8）除封面页和目录页外，在正文页上添加页眉，内容为文档标题"2020年第七次全国人口普查报告"和页码，要求正文页码从第 1 页开始，其中奇数页眉格式需要居右显示，页码在标题右侧，偶数页眉格式需要居左显示，页码在标题左侧。

（9）在"（一）城乡人口"的段落后插入文件夹下的图片"历次人口普查城乡人口.png"，将图片设置为环绕文字型格式，并将图片等比放大到能看清年份，将图片样式设置为"简框架，白色"。

（10）设置图片水印页面背景，图片为文件夹中的"国家统计局 logo.png"。

（11）将完成排版的文档先以原 Word 格式即文件名"2020年第七次人口普查报告.docx"进行保存，再另生成一份同名的 PDF 文档进行保存。

三、Excel 测试题

小蒋是一名中学体育教师，负责运动会的成绩统计和管理工作。由于学校地处偏远地区，缺乏必要的教学设施，只有一台配置不太高的 PC 可以使用。他在这台 PC 中安装了 Microsoft Office，决定通过 Excel 来管理学生运动会的成绩，以弥补学校缺少数据库管理系统的不足。现在，今年初二年级的运动会刚刚结束，小蒋将初二年级三个班的成绩均录入了文件名为"运动会成绩单.xlsx"的 Excel 工作簿文档中。

请根据下列要求帮助小蒋老师对该成绩单进行整理和分析。

（1）对工作表"运动会成绩"中的数据列表进行格式化操作：将第一列"学号"列设为文本，将所有成绩列设为保留两位小数的数值；适当加大行高和列宽，改变字体、字号，设置对齐方式，增加适当的边框和底纹以使工作表更加美观。

（2）利用"条件格式"功能进行下列设置：将 50 米、100 米、1500 米三项中不低于 8 分的成绩所在的单元格以一种颜色填充，其他四项中高于 7 分的成绩以另一种字体颜色标出，所用颜色深浅以不遮挡数据为宜。

（3）利用 SUM 和 AVERAGE 函数计算每一个学生的总分及平均成绩。

（4）学号第 3、4 位代表学生所在的班级，例如，"120105"代表 12 级 1 班 5 号。请通过函数提取每个学生所在的班级并按下列对应关系填写在"班级"列中："学号"从左向右第 3、4 两个位置的值如果是"01"，则"班级"列中对应行的位置填写"1 班"。

（5）复制工作表"运动会成绩"，将副本放置到原表之后；改变该副本表标签的颜色，并重新命名，新表名需包含"分类汇总"字样。

（6）通过分类汇总功能求出每个班各项目的平均成绩，并将每组结果分页显示。

（7）以分类汇总结果为基础，创建一个簇状柱形图，对每个班各项目的平均成绩进行比较，并将该图表放置在一个名为"柱状分析图"的新工作表中。

四、PowerPoint 测试题

某学校高中一年级五班的生物老师要求学生两人一组制作一份生物课内容的教学课件。小曾与小张自愿组合，他们制作完成的第二章后两节内容见"第 3-4 节.pptx"，前两节内容存放在"第 1-2 节.pptx"中。小张需要按下列要求完成课件的整合制作。

（1）为演示文稿"第 1-2 节.pptx"指定一个合适的设计主题；为演示文稿"第 3-4 节.pptx"指定另一个设计主题，两个主题应不同。

（2）将演示文稿"第 3-4 节.pptx"和"第 1-2 节.pptx"中的所有幻灯片合并到"生物课件.pptx"中，要求所有幻灯片保留原来的格式。以后的操作均在"生物课件.pptx"中进行。

（3）在"生物课件.pptx"的第 2 张幻灯片之后插入一张版式为"仅标题"的幻灯片，输入标题文字"学习目标"，在标题下方制作一张水平组织结构图，样例参考"学习目标图素材及样例.docx"，为该学习目标图添加适当的动画效果，要求同一级别的内容同时出现、不同级别的内容先后出现。

（4）在第 6 张幻灯片后插入一张版式为"标题和内容"的幻灯片，在该张幻灯片中插入与素材"食物链和食物网的异同点.docx"文档中所示相同的表格，并为该表格添加适当的动画效果。

（5）将第 4 张、第 7 张幻灯片分别链接到第 2 张、第 6 张幻灯片的相关文字上。

（6）为除了标题幻灯片以外的幻灯片设置编号及页脚。

（7）在 PPT 最后新建一张幻灯片，插入艺术字，内容为"谢谢！"。

（8）为幻灯片设置适当的演示切换方式，提升演示文稿放映的效果。

（9）将制作完成的演示文稿以"生物课件.pptx"文件名进行保存。

综合测试题 5

一、选择题

1. 一个计算机操作系统通常应具有的功能模块是_____。

A. CPU 的管理、显示器管理、键盘管理、打印机和鼠标器管理五大功能

B. 硬盘管理、软盘驱动器管理、CPU 的管理、显示器管理和键盘管理五大功能

C. 处理器（CPU）管理、存储管理、文件管理、输入/输出管理和任务管理五大功能

D. 计算机启动、打印、显示、文件存取和关机五大功能

2. 下列叙述中正确的是_____。

A. 程序执行的效率与数据的存储结构密切相关

B. 程序执行的效率只取决于程序的控制结构

C. 程序执行的效率只取决于所处理的数据量

D. 以上三种说法都不对

3. 结构化方法中，用数据流图（DFD）作为描述工具的软件开发阶段是_____。

A. 可行性分析　　B. 需求分析　　　　C. 详细设计　　　　D. 程序编码

4. 一棵度为 3 的树，共有 40 个节点，其中度为 2、3 的节点个数分别为 7、6，则度为 0 的节点个数为_____。

A. 19　　　　　　B. 20　　　　　　C. 21　　　　　　D. 22

5. 下列算法中，最坏情况下时间复杂度最高的是_____。

A. 升序的顺序表中查找最大项　　　　　B. 堆排序

C. 快速排序　　　　　　　　　　　　　D. 有序表的二分查找

6. 数据库系统的三级模式和两级映射结构保持了数据库的_____。

A. 数据安全性　　B. 数据完整性　　C. 数据的并发控制　　D. 数据的独立性

7. 设有下列二叉树的前序序列为 ABCDEFG，中序序列为 CBEDAFG，则对此二叉树后序遍历的结果为_____。

A. CEDBFGA　　　B. CDEBEGFA　　　C. CEDBGFA　　　D. EDCBGFA

8. 有三个关系 R1、R2、R3，其中 R1 的关键字为 S#，R2 的关键字为 C#，R3 的关键字为（S#，C#），则 R3 中的数据不符合_____。

A. 实体完整性约束　　　　　　　　　B. 参照完整性约束

C. 用户自定义约束　　　　　　　　　D. 数据的独立性约束

R1	
S#	Sname
S1	Mike
S2	Bobi
S3	lily

R2		
C#	Cname	P#
C1	Cc1	C2
C2	Cc2	NONE
C3	Cc3	C1

R3		
S#	C#	G
S1	C1	90
S2	C2	89
S3	C5	78

9. 程序流程图（PFD）中的箭头代表的是_____。

A. 数据流　　　　B. 控制流　　　　C. 调用关系　　　　D. 组成关系

10. 一个顺序栈有 50 个元素的存储空间，元素下标从 1 至 50，初始空栈时 top=0，经过一系列出入栈操作后，top=18,则此时栈中的元素个数是_____。

A. 17　　　　　　B. 18　　　　　　C. 19　　　　　　D. 20

11. 在 Word 中，选定表格中间的一行并单击工具栏的"剪切"按钮，则_____。

A. 该行被剪切后消失，表格少一行

B. 该行被剪切后消失，表格被拆分为上下两个表格

C. 该行中的单元格内容变为空白，表格行数未减少

D. 表格中未被剪切行的内容不变，最后一行的单元格内容为空白

12. 在 Word 2019 中，某个段落样式为"正文"，若应用了某个项目符号，则该段落的样式为_____。

A. 正文　　　　　B. 列出段落　　　　C. 明显强调　　　　D. 明显引用

13. 小王编辑一份 Word 文档，文档末尾有日期，并希望能够随着系统时间的变化而自动更新，操作方法是_____。

A. 利用插入对象功能，插入一个链接到该文档的日期

B. 手工输入日期，将其格式设置为自动更新

C. 利用插入域的 Date 选项插入日期

D. 利用插入日期时间功能来插入所需格式的日期并设置为自动更新

14. 正在编辑的一份文档，对所输入的文字进行分栏操作，要使用的菜单是_____。

A. 插入　　　　　B. 设计　　　　　　　C. 布局　　　　　　D. 视图

15. 在 Excel 2019 中，如何插入人工分页符_____。

A. 按 Alt+Enter 快捷键

B. 按 Shift+Enter 快捷键

C. 执行"页面布局"→"分隔符/分页符"命令

D. 执行"开始"→"分隔符/分页符"命令

16. 在 Excel 中，关于分类汇总叙述错误的是_____。

A. 进行一次分类汇总时的关键字段只能针对一个字段

B. 汇总方式只能是求和

C. 分类汇总必须按关键字段排序

D. 分类汇总可以删除，但删除汇总后排序操作不能撤销

17. 在 Sheet1 的 C1 单元格中输入公式"=Sheet2!A1+B1"，则表示将 Sheet2 中 A1 单元格数据与_____。

A. Sheet1 中 B1 单元格的数据相加，结果放在 Sheet1 中 C1 单元格中

B. Sheet1 中 B1 单元格的数据相加，结果放在 Sheet2 中 C1 单元格中

C. Sheet2 中 B1 单元格的数据相加，结果放在 Sheet1 中 C1 单元格中

D. Sheet2 中 B1 单元格的数据相加，结果放在 Sheet2 中 C1 单元格中

18. 在 Excel 2019 中，要绘制一元二次函数图像，应当选择的图表类型是_____。

A. 曲面图　　　B. 折线图　　　　　　C. 散点图　　　　　D. 雷达图

19. 在应用了版式之后，幻灯片中的占位符_____。

A. 可以添加，也可以删除　　　　　B. 不能添加，但可以删除

C. 可以添加，但不能删除　　　　　D. 不能添加，也不能删除

20. 秘书小张利用 PowerPoint 2019 编辑一份公司的宣传文稿，需要创建一个公司的组织结构图，下列方法最优的是_____。

A. "插入"→"图表"下的"组织结构图"来创建

B. 在幻灯片中绘制形状，输入文字，组合为组织结构图

C. "插入"→"对象"，激活组织结构图程序功能来创建

D. 插入 SmartArt 图形中的"层次关系"来创建

二、Word 测试题

互联网是当代未成年人重要的学习、社交、娱乐工具，对其成长的重要影响日益显现。2018 年起，共青团中央维护青少年权益部、中国互联网络信息中心（CNNIC）每年对未成年人的互联网使用情况展开调查，并发布《全国未成年人互联网使用情况研究报告》，力求全面、

客观地反映我国未成年网民的互联网使用特点和网上生活状态。

为了让调查报告的数据以更直观及美观的方式呈现，请按以下要求，完成部分报告的制作。

（1）设置页边距为上、下、左、右各2.7厘米，装订线在左侧；设置文字水印页面背景，文字为"中国互联网信息中心"，水印版式为斜式。

（2）设置第一段落文字"中国未成年网民规模2020年达到1.83亿"为标题；设置第二段落文字"互联网普及率为94.9%"为副标题；改变段间距和行间距（间距单位为行），使用"线条（特殊）"样式修饰页面；在页面顶端插入"边线型提要栏"文本框，将第三段文字"共青团中央维护青少年权益部中国互联网络信息中心2021年7月发布的《年全国未成年人互联网使用情况研究报告》。"移入文本框内，设置字体、字号、颜色等；在该文本的最前面插入类别为"文档信息"、名称为"新闻提要"域。

（3）设置第四至第六段文字，要求首行缩进2个字符。将第四至第六段的段首《报告》和《报告》主要发现"《报告》提出的建议"设置为斜体、加粗、红色、双下划线。

（4）将文档"附：统计数据"后面的内容转换成2列、7行的表格，为表格设置样式；将表格的数据转换成簇状柱形图，插入文档中"附：统计数据"的前面。

（5）在正文页上添加页眉，内容为文档标题"2020年全国未成年人互联网使用情况研究报告"，并将文档的纹理背景设置为"羊皮纸"后保存文档。

（6）保存文件。

三、Excel 测试题

小王负责学校科研项目经费的报销管理工作，需要总结2020年度科研项目经费报销情况，现在请按照如下需求，在Excel.xlsx中完成工作。

（1）在"费用报销管理"工作表"日期"列的所有单元格中，标注每个报销日期属于星期几，例如，日期为"2020年1月10日"的单元格应显示为"2020年1月10日星期五"，日期为"2020年1月11日"的单元格应显示为"2020年1月11日星期六"。

（2）如果"日期"列中的日期为星期六或星期日，则在"是否加班"列的单元格中显示"是"，否则显示"否"（必须使用公式）。

（3）使用公式统计每个活动地点所在的省份或直辖市，并将其填写在"地区"列所对应的单元格中，如"北京市""浙江省"。

（4）依据"费用类别编号"列内容，使用VLOOKUP函数，生成"费用类别"列内容。对照关系参考"费用类别"工作表。

（5）在"项目成本分析报告"工作表B3单元格中，统计2020年第三季度发生在上海市的科研项目费用总金额。

（6）在"项目成本分析报告"工作表B4单元格中，统计2020年员工李子辰报销的管理费费用总额。

（7）在"项目成本分析报告"工作表B5单元格中，统计2020年科研项目费用中，设备费用占所有报销费用的比例，并保留2位小数。

（8）在"项目成本分析报告"工作表B6单元格中，统计2020年发生在周末（星期六和星期日）的会议费总金额。

四、PowerPoint 测试题

请根据素材文件"ppt 素材.docx"中的文字、图片设计制作演示文稿，并以文件名"大数据介绍.pptx"保存文件，具体要求如下：

（1）将素材文件中每个矩形框中的文字及图片设计为 1 页幻灯片，为演示文稿插入幻灯片编号，与矩形框前的序号——对应。

（2）第 1 页幻灯片作为标题页，标题为"大数据简介"，并将其设为艺术字，有制作日期（格式：××××年××月××日）。第 9 张幻灯片中的"敬请批评指正!"采用艺术字，并将文本框中的文字设置为居中。

（3）幻灯片版式至少有 4 种，并为演示文稿设置主题名为"中性"。

（4）为第 2 页幻灯片中的每项内容插入超级链接，单击时转到相应幻灯片。

（5）第 6 页幻灯片采用 SmartArt 图形中的组织结构图来表示，最上级内容为"大数据的七个特征"，其下级依次为具体的七个特征。

（6）为每张幻灯片中的对象添加动画效果，并设置所有幻灯片的切换效果为"随机线条"。

（7）保存演示文稿。

综合测试题 6

一、选择题

1. 一棵二叉树中共有 70 个叶子节点与 80 个度为 1 的节点，则该二叉树中的总节点数为_____。

A. 219　　　　　　　B. 221　　　　　　　C. 229　　　　　　　D. 231

2. 下列叙述中正确的是_____。

A. 数据的逻辑结构与存储结构必定是——对应的

B. 由于计算机存储空间是向量式的存储结构，因此，数据的存储结构一定是线性结构

C. 程序设计语言中的数组一般是顺序存储结构，因此，利用数组只能处理线性结构

D. 以上三种说法都不对

3. 下列序列中可以组成一个堆的是_____。

A. (75,70,23,65,56,15,26,35,28,32)　　　　B. (75,70,26,65,54,58,23,59,28,55)

C. (75,70,26,65,56,15,23,35,28,32)　　　　D. (75,70,15,65,56,26,23,35,28,32)

4. 在下列关系运算中，不改变关系表中的属性个数但能减少元组个数的是_____。

A. 并　　　　　　　B. 交　　　　　　　C. 投影　　　　　　　D. 笛卡儿乘积

5. 软件设计的基本原理中，_____是评价设计好坏的重要度量标准。

A. 信息隐蔽性　　　B. 模块独立性　　　C. 耦合性　　　　　　D. 内聚性

6. 在 E-R 图中，用来表示实体之间联系的图形是_____。

A. 矩形　　　　　　B. 椭圆形　　　　　　C. 菱形　　　　　　　D. 平行四边形

7. 某循环队列的存储空间为 40 个，运行一段时间后，front=rear+1，若对该队列进行查找操作，最坏情况下需要比较的次数是_____。

A. 1　　　　　　　　B. 0　　　　　　　　C. 39　　　　　　　　D. 40

8. 有三个关系 R1、R2、R3，其中 R1 的关键字为 S#，R2 的关键字为 C#，R3 的关键字为(S#, C#)，则关系表达式 $\pi_{C\#,Cname}(\sigma_{C\#=C2}(R2))\bowtie\sigma_{G>85}(R3)\bowtie R1$ 的结果是_____。

R1	
S#	Sname
S1	Mike
S2	Bobi
S3	lily

R2		
C#	Cname	P#
C1	Cc1	C2
C2	Cc2	NONE
C3	Cc3	C1

R3		
S#	C#	G
S1	C1	90
S2	C2	89
S3	C2	78

A. (C2,CC2,S2,C2,89,S2,Bobi)　　　　B. (C2,CC2,S2,89,Bobi)

C. (C2,CC2)　　　　D. (C2,CC2,S2,89,S2,Bobi)

9. 下列叙述中错误的是_____。

A. 进程是可以并发执行的程序的执行过程

B. 一个进程可以包含多个程序

C. 进程是静态的，程序是动态的

D. 一个程序可以对应多个进程

10. 以下哪一项不是软件测试实施过程中的步骤？_____

A. 单元测试　　B. 整体　　　　C. 确认测试　　　　D. 系统测试

11. 在 Word 中，下列关于标尺的叙述，错误的是_____。

A. 水平标尺的作用是缩进全文或插入点所在的段落，调整页面的左、右边距，改变表的宽度，设置制表符的位置等

B. 利用标尺可以对光标进行精确定位

C. 垂直标尺的作用是缩进全文，改变页面的上、下宽度

D. 标尺分为水平标尺和垂直标尺

12. 一个包含目录的 Word 文档，要将目录转换为纯文本格式，下列哪一个操作方式最佳？_____

A. 使用 Ctrl+Shift+F9 快捷键完成操作

B. 目录本身就是纯文本，不需要进行操作

C. 在目录上右击，执行"转换"命令

D. 将目录进行复制，然后利用"选择性粘贴"的"纯文本"方式显示

13. 下列关于链接和嵌入的叙述中，正确的是_____。

A. 将对象的内容直接插入文档中称为嵌入，只把对象的存储地址插入文档中，称为链接

B. 将对象的内容直接插入文档中称为链接，只把对象的存储地址插入文档中，称为嵌入

C. 嵌入对象会随着其来源文档的变化而变化

D. 链接对象不会随着其来源文档的变化而变化

14. 下面说法中不正确的是_____。

A. 滚动条是位于文档窗口右侧和底边的灰色条

B. 状态栏位于文档的底部，可以显示页号、节号、页数、光标所在的列号等内容

C. 标题栏可以显示软件名称和文档名称

D. 通常情况下，菜单栏中有 8 个菜单

15. 在 Excel 费用明细表中，列标题为"日期""部门""姓名""报销金额"等，按"部门"统计"报销金额"，以下哪个方法不可用？ _____

A. 分类汇总　　　　　　　　　　　B. 用 SUMIF 函数计算

C. 高级筛选　　　　　　　　　　　D. 用数据透视表计算汇总

16. 关于 Excel 2019 的页眉、页脚，说法错误的有_____。

A. 可以设置首页不同的页眉、页脚　　B. 可以设置奇偶页不同的页眉、页脚

C. 不能随文档一起缩放　　　　　　　D. 可以与页边距对齐

17. 在 Excel 工作表中包含了 49 名学生的成绩，C 列为成绩列，第一行为标题行，在不改变行列顺序下，在 E 列统计成绩排名，下列操作方法最优的是_____。

A. 在 E2 单元格中输入"=RANK(C2,$C2:$C21)"，然后双击该单元格的填充柄

B. 在 E2 单元格中输入"=RANK(C2,C$2:C$21)"，然后拖动该单元格的填充柄至 D21 单元格

C. 在 E2 单元格中输入"=RANK(C2,$C2:$C21)"，然后拖动该单元格的填充柄至 D21 单元格

D. 在 E2 单元格中输入"=RANK(C2,C$2:C$21)"，然后双击该单元格的填充柄

18. 在 Excel 2019 中，关于获取外部数据不正确的是_____。

A. 来自 Access 的数据　　　　　　　B. 来自网站的数据

C. 来自任意文件的数据　　　　　　　D. 来自 SQL Server 的数据

19. 下列说法不正确的是_____。

A. 在播放幻灯片的同时，也可以播放 CD 唱片

B. 在幻灯片中也可以插入自己录制的声音文件

C. 在幻灯片之间不能进行跳转链接

D. 幻灯片母版中添加了放映控制按钮，则所有的幻灯片上都会包含放映控制按钮

20. PowerPoint 中，下列说法中错误的是_____。

A. 要将演示文稿转成 Word 文档，需执行"编辑"菜单中的"对象"命令，再选择 Microsoft Word 选项

B. 可以将演示文稿发送到 Word 中作为大纲

C. 要将演示文稿转成 Word 文档，需执行"文件"菜单中的"发送"命令，再选择 Microsoft Word 选项

D. 可以将演示文稿转成 Word 文档

二、Word 测试题

为了深入贯彻全国教育大会精神，坚持以人为本，推进四个回归，全面落实立德树人的根本任务，不断激发高校课堂创新活力，东方红大学举办了首届高校课堂教学创新大赛，经过校级初赛和复赛，冯悦言等 4 名教师进入决赛。

现需要邀请十二位教师来参加决赛担任评委来为他们的表现打分，请根据如下要求帮忙制作本次大赛的邀请函。

（1）将文档中"比赛赛程:"段落后的 7 行文字转换为 3 列、7 行的表格，并根据窗口大

小自动调整表格列宽。

（2）为制作完成的表格套用一种表格样式，使表格更加美观。

（3）为了可以在以后的邀请函制作中再利用比赛赛程内容，将文档中的表格内容保存至"表格"部件库，并将其命名为"比赛赛程"。

（4）将文档末尾处的日期调整为可以根据邀请函生成日期而自动更新的格式，日期格式显示为"2021 年 1 月 1 日"。

（5）邀请函中"尊敬的"后面的内容不小心被设置成了繁体，请将其转换成中文简体，以便于老师阅读。

（6）将文档中"尊敬的"后面的文字中有关时间和地点的文字设置双下划线，并将"比赛时间:""比赛地点:"后的文字加粗。

（7）在"尊敬的"文字后面，插入拟邀请的教师姓名和称谓。拟邀请的教师姓名在文件夹下的"通讯录.xlsx"文件中，教师称谓则根据教师性别自动显示为"先生"或"女士"，如"张三（先生）""李丽（女士）"。

（8）每个教师的邀请函占 1 页内容，且每页邀请函中只能包含 1 位教师姓名，所有的邀请函页面另外保存在一个名为"Word-邀请函.docx"的文件中。如果需要，删除"Word-邀请函.docx"文件中的空白页面。

（9）文档制作完成后，分别保存"Word.docx"文件和"Word-邀请函.docx"文件，再导出一份同名的 Word-邀请函 PDF 文档进行保存。

（10）关闭 Word 应用程序，并保存所提示的文件。

三、Excel 测试题

李梦是某商城电器销售部的主管，负责对整个商城的电器销售情况进行统计分析。在年终汇报中，她需要向商场领导汇报一年中所有电器的销售情况。

请你根据"电器全年销量统计表.xlsx"，帮助李梦完成以下操作。

（1）将 Sheet1 工作表命名为"销售情况"，将 Sheet2 命名为"平均单价"。

（2）在"品牌"列左侧插入一个空列，输入列标题为"序号"，并以 001、002、003、…的方式向下填充该列到最后一个数据行。

（3）将工作表标题跨列合并后居中，并适当调整其字体、加大字号、改变字体颜色（注意要不同于默认的字体，大于默认的字号，不同于默认的字体颜色）。将 A3:F3 的文字全部加粗，适当加大数据表的行高和列宽（注意行高和列宽要大于默认的行高和列宽值），设置居中对齐方式及销售额数据列的数值格式（保留 2 位小数），并为数据区域增加边框线。

（4）为"平均单价"工作表中的表格设置新的样式（标题行的行数需要设为 1）。

（5）将"平均单价"工作表中的区域 B3:C6 定义名称为"商品均价"。运用公式计算工作表"销售情况"中 F 列的销售额，要求在公式中通过 VLOOKUP 函数自动在"平均单价"工作表中查找相关商品的单价，并在公式中引用所定义的名称"商品均价"。在"销售情况"工作表中将销售额最多的单元格用浅蓝色填充。

（6）为工作表"销售情况"中的销售数据创建一个数据透视表，放置在一个名为"数据透视分析"的新工作表中，工作表标签颜色设置为红色。该工作表要求针对各类商品比较各品牌每个季度的销售额。其中，商品大类名称为报表筛选字段，品牌为行标签，季度为列标签，并对销售额求和。最后对数据透视表进行格式设置，使其更加美观。

（7）根据生成的数据透视表，在透视表下方创建一个簇状柱形图，图表中仅对各品牌四个季度空调的销售额进行比较。

（8）保存"电器全年销量统计表.xlsx"文件。

四、PowerPoint 测试题

又到了一年一度的开学季，学校希望小明可以制作一份 PowerPoint 演示文稿，将学校的风景展示给今年报到的新生。

请基于给定的素材完成演示文稿的制作，制作要求如下：

（1）利用 PowerPoint 应用程序创建一个相册，并包含 Photo(1).jpg～Photo(12).jpg 共 12 幅图片。在每张幻灯片中包含 4 幅图片，并将每幅图片设置为"居中矩形阴影"相框形状。

（2）设置相册主题为文件夹中的"相册主题.pptx"样式。

（3）为相册中每张幻灯片设置不同的切换效果。

（4）在标题幻灯片后插入一张新的幻灯片，将该幻灯片设置为"标题和内容"版式。在该幻灯片的标题位置输入"校园风景赏析"；并在该幻灯片的内容文本框中输入 3 行文字，分别为"书馆风景""湖光春色""四季风光"。

（5）将"书馆风景""湖光春色""四季风光"3 行文字转换为样式为"蛇形图片重点列表"的 SmartArt 对象，并将 Photo(1).jpg、Photo(6).jpg 和 Photo(9).jpg 定义为该 SmartArt 对象的显示图片。

（6）为 SmartArt 对象添加自左至右的"擦除"进入动画效果，并要求在幻灯片放映时该 SmartArt 对象元素可以逐个显示。

（7）在 SmartArt 对象元素中添加幻灯片跳转链接，使得单击"书馆风景"标注形状可跳转至第 3 张幻灯片，单击"湖光春色"标注形状可跳转至第 4 张幻灯片，单击"四季风光"标注形状可跳转至第 5 张幻灯片。

（8）将"背景音乐.mp3"声音文件作为该相册的背景音乐，并在幻灯片放映时即开始播放。

（9）在演示文稿最后新建一张幻灯片，插入艺术字，内容为"我们在这里等着你"。

（10）为除了标题幻灯片以外的幻灯片设置编号及页脚。

（11）将该相册保存为"美丽的校园.pptx"文件。

综合测试题 7

一、选择题

1. 下列叙述中错误的是＿＿＿＿＿＿。

A. ISA、EISA、VESA、PCI 和 AGP 是常见的系统总线的标准

B. IDE、SCSI、RS-232C 和 USB 是常见的外部总线标准

C. 总线按功能层次可以分为片内总线、系统总线和通信总线

D. 通信总线的结构有单总线结构、双总线结构、三总线结构

2. 一棵度为 3 的树，共有 35 个节点，其中度为 2、3 的节点个数分别为 5、6，则度为 1 的节点个数为＿＿＿＿＿＿。

A. 4　　　　　　　B. 5　　　　　　　C. 6　　　　　　　D. 7

3. 需求分析最终结果是产生_____。

A. 项目开发计划 B. 需求规格说明书 C. 设计说明书 D. 可行性分析报告

4. 在进行单元测试时，常用的方法是_____。

A. 采用白盒测试，辅之以黑盒测试 B. 采用黑盒测试，辅之以白盒测试

C. 只使用白盒测试 D. 只使用黑盒测试

5. 支持数据库各种操作的软件系统称为_____。

A. 数据库管理系统 B. 文件系统

C. 数据库系统 D. 操作系统

6. 某循环队列的存储空间为 40 个，运行一段时间后，front＝rear−5,若对该队列进行查找最大值操作，最坏情况下需要比较的次数是_____。

A. 34 B. 35 C. 4 D. 5

7. 定义学生选修课程的关系模式如下：S(S#,Sname, Sdept, Sage, Dadd)(学号, 姓名, 所在系名, 年龄, 系所在地), 学生的姓名有可能重名, 则该关系模式属于_____。

A. 1NF B. 2NF C. 3NF D. BCNF

8. 假设表的长度为 n，下列算法中，最坏情况下比较次数最少的是_____。

A. 顺序表的顺序查找 B. 有序链表查找

C. 循环链表找最大值 D. 希尔排序

9. 有三个关系 R1、R2、R3，其中 R1 的关键字为 S#，R2 的关键字为 C#，R3 的关键字为(S#, C#)，则 R3 中的数据是如下哪个表达式运算的结果？_____

R1	
S#	Sname
S1	Mike
S2	Bobi
S3	Lily

R2		
C#	Cname	P#
C1	Cc1	C2
C2	Cc2	NONE
C3	Cc3	C1

R3		
S#	C#	Cname
S1	C1	Cc1
S2	C2	Cc2
S3	C2	Cc3

A. $\pi_{S\#,C\#,Cname}(\sigma_{S\#='S2'}(R1)\times R2)$
B. $\sigma_{S\#='S2'}(\pi_{S\#}(R1)\times(\pi_{C\#,Cname}(R2)))$

C. $\pi_{S\#,C\#,Cname}(\sigma_{S\#='S2'}(R2\times R1))$
D. $\sigma_{S\#='S2'}((\pi_{C\#,Cname}(R2)\times\pi_{S\#}(R1))$

10. 软件生命周期中花费时间最多的阶段是_____。

A. 详细设计 B. 软件编码 C. 软件测试 D. 软件维护

11. 给每位同学发送一份"期末成绩通知单"，最简便的命令是_____。

A. 复制 B. 标签 C. 邮件合并 D. 信封

12. 在 Word 2019 中，"切换窗口"在哪个选项卡中？_____

A. 视图 B. 开始 C. 引用 D. 审阅

13. 王老师用 Word 2019 编辑了一本教材，包含八章内容，要在每一章的页眉上插入该章标题文字，下列操作最优的是_____。

A. 将每一章分节并定义标题样式，通过"交叉引用"在页眉位置引用标题

B. 将各章标题统一定义成某个标题样式，插入域自动引用标题样式

C. 将每一章分节，分别在每章的页眉上输入该章的标题文字

D. 将每一章各自单独保存为一个文件，为每个文件页眉输入相应章的标题文件

14. 在 Word 2019 的表格编辑状态中，若选定整个表格后按 Delete 键，则_____。

A. 仅删除了表格中的所有内容，表格框架还在

B. 将表格中文字格式还原为默认字体

C. 表格框架消失，表格内容转换成为文字

D. 删除了整张表格

15. 在 Excel 2019 中,有关设置打印区域的方法错误的是＿＿＿＿＿＿。

A. 在"分页预览视图"下设置打印区域

B. 在"页面设置"工具栏中单击"打印区域"选项，弹出菜单中单击"设置打印区域"，然后在工作表中用鼠标拖动选择要打印的区域即可

C. 利用"编辑栏"设置打印区域

D. 先选定一个区域，然后通过"页面布局"选择"打印区域"，再选择"设置打印区域"

16. Excel 2019 所拥有的视图方式有＿＿＿＿＿＿。

A. 大纲视图　　　B. 分页预览视图　　　C. 页面布局　　　D. 普通视图

17. 在 Excel 工作表 B5 单元格中存放了一个 18 位的二代身份证号码，第 7～10 位表示出生年份，将年龄计算的结果放入 E5 单元格中，最佳操作方式是＿＿＿＿＿＿。

A. =YEAR(TODAY())−MID(B5,6,4)

B. =YEAR(TODAY())−MID(B5,7,8)

C. =TODAY()−MID(B5,7,4)

D. =YEAR(TODAY())−MID(B5,7,4)

18. 下列说法正确的是＿＿＿＿＿＿。

A. 在 Excel 2019 中自动分页符是无法删除的，但可以改变位置

B. 移动 Excel 中的数据也可以像在 Word 中一样，将鼠标指针放在选定的内容上拖动即可

C. 在 Excel 2019 工作表中，若要隐藏列，则必须选定该列相邻的右侧一列，单击菜单栏"开始"选项，选择"格式""列""隐藏"即可

D. 在 Excel 中，单元格中只能显示公式计算结果，而不能显示输入的公式

19. PowerPoint 中，有关备注母版的说法错误的是＿＿＿＿＿＿。

A. 备注母版的下方是备注文本区，可以像在幻灯片母版中那样设置其格式

B. 备注母版的页面共有 5 个设置：页眉区、页脚区、日期区、幻灯片缩图、数字区

C. 要进入备注母版，可以执行"视图"菜单的"母版"命令，再选择"备注母版"

D. 备注的最主要功能是进一步提示某张幻灯片的内容

20. PowerPoint 中，有关幻灯片背景下列说法错误的是＿＿＿＿＿＿。

A. 可以为单张幻灯片进行背景设置

B. 可以使用图片作为幻灯片背景

C. 用户可以为幻灯片设置不同的颜色、阴影、图案或者纹理的背景

D. 不可以同时为多张幻灯片设置背景

二、Word 测试题

陕西师范大学某学院何老师撰写了一篇名为"基于改进 DHCP 的 IP 动态伪装设计与实现"的学术论文，拟投稿于某期刊，根据该期刊的相关要求，论文必须按照该期刊论文样式进行排版。

请根据文件"素材.docx"和相关图片文件等素材完成排版任务，具体要求如下：

（1）将素材文件"素材.docx"另存为"论文正样.docx"，保存，并在此文件中完成所有要求，最终排版不超过 6 页，样式可参考"论文正样 1.jpg"～"论文正样 6.jpg"。

（2）论文页面设置为 A4 幅面，上、下、左、右边距分别为 3.5 厘米、2.2 厘米、2.5 厘米和 2.5 厘米。论文页面只指定行网格（每页 42 行），页脚距边距 1.4 厘米。

（3）参考"论文正样 1.jpg"示例，插入统一的页眉，为页眉添加一条横线，并在页眉处输入论文标题"基于改进 DHCP 的 IP 动态伪装设计与实现"，在页脚居中位置设置页码。

（4）论文正文以前的内容，段落不设首行缩进，其中论文标题、作者、作者单位的中、英文部分均居中显示，其余为两端对齐。"文章编号"为黑体、小五号字；论文标题（红色字体）大纲级别为 1 级，样式为标题 1，中文为黑体，西文为 Times New Roman，字号为三号。作者姓名的字号为小四，中文为仿宋，西文为 Times New Roman。作者单位、摘要、关键字、中图分类号等中、英文部分字号为小五，中文为宋体，西文为 Times New Roman，其中摘要、关键字、中图分类号等中、英文内容的第一个词（冒号前面的部分）设置为黑体。

（5）参考"论文正样 1.jpg"示例，将作者姓名后面的数字和作者单位前面的数字（含中文、英文两部分），设置成正确的格式。

（6）自正文开始到参考文献列表为止，页面布局分为对称两栏。正文（不含图、表、独立成行的公式）为五号字（中文为宋体，西文为 Times New Roman），首行缩进 2 字符，行距为单倍行距；表注和图注为小五号字（表注中文为黑体，图注中文为宋体，西文均用 Times New Roman），居中显示，根据表格内容自动调整列宽，其中正文中的"表 1"与相关表格有交叉引用关系（注意："表 1"的"表"字与数字之间没有空格），参考文献列表为小五号字，中文为宋体，西文均用 Times New Roman，采用项目编号，编号格式为"［序号］"。

（7）素材中黄色字体部分为论文的第一层标题，大纲级别为 2 级，样式为标题 2，多级项目编号格式为"1、2、3、…"，字体为黑体、黑色、四号，段落行距为最小值 30 磅，无段前、段后间距；素材中蓝色字体部分为论文的第二层标题，大纲级别为 3 级，样式为标题 3，对应的多级项目编号格式为"2.1、2.2、…、3.1、3.2、…"，字体为黑体、黑色、五号，段落行距为最小值 18 磅，段前、段后间距为 3 磅，其中参考文献无多级编号。

三、Excel 测试题

李帅是某大学信息科学与技术学院办公室的教务秘书，为了更好地了解 2018 级计算机科学与技术专业学生大一下学期的期末考试情况，现利用 Excel 表格制作成绩分析表，以便教学主任掌握各个班级的整体学习情况。

请根据"素材.xlsx"，帮助李帅完成 2018 级计算机科学与技术专业学生期末成绩分析表的制作。具体要求如下：

（1）将"素材.xlsx"文档另存为"年级期末成绩分析.xlsx"，以下所有操作均基于此新保存的文档。

（2）将"2018 级计算机科学与技术专业"工作表标签颜色设置为蓝色。在该工作表最右侧依次插入"总分""平均分""年级排名"列；将工作表的第一行根据表格实际情况合并居中为一个单元格，并设置合适的字体、字号，使其成为该工作表的标题。对班级成绩区域套用带标题行的"表样式中等深浅 15"的表格格式。设置所有列的对齐方式为居中，其中排名为整数，其他成绩的数值保留 1 位小数。

（3）在"2018级计算机科学与技术专业"工作表中，利用公式分别计算"总分""平均分""年级排名"列的值。对学生成绩不及格（小于60）的单元格套用格式突出显示为"浅红填充色深红色文本"。将年级排名最后10名的单元格显示为"黄填充色深黄色文本"。

（4）在"2018级计算机科学与技术专业"工作表中，利用公式，根据学生的学号将其班级的名称填入"班级"列（规则为：学号的第三位为专业代码、第四位代表班级序号，即71为"计科一班"，72为"计科二班"，73为"计科三班"）。

（5）根据"2018级计算机科学与技术专业"工作表，创建一个数据透视表，放置于表名为"班级平均分"的新工作表中，工作表标签颜色设置为红色。要求数据透视表中按照大学英语、思想政治、高等数学、线性代数、计算机导论、C语言基础、数字与模拟电路、Python编程的顺序统计各班各科成绩的平均分，其中行标签为班级。为数据透视表格内容套用带标题行的"数据透视表样式中等深浅15"的表格格式，所有列的对齐方式设为居中，成绩的数值保留1位小数。

（6）在"班级平均分"工作表中，针对各课程的班级平均分创建二维的簇状柱形图，其中水平簇标签为班级，图例项为课程名称，并将图表放置在表格下方的A10:G30区域中。

（7）将"2018级计算机科学与技术专业"工作表复制备份，并将复制后的新工作表命名为"成绩备份"。

四、PowerPoint 测试题

高考过后，学生大批量放假，奶茶店的生意越来越火热，所以奶茶店招聘了一批新的暑假工，需要对他们进行入职培训。人事助理已经制作了一份演示文稿的素材"新员工入职培训.pptx"，请打开该文档进行美化，要求如下：

（1）将第一张幻灯片版式设为"仅标题"，将第二张幻灯片版式设为"标题和竖排文字"，将第四张幻灯片的版式设为"比较"；为整个演示文稿指定一个恰当的设计主题。

（2）将第一张幻灯片中的标题采用艺术字，并将文本框中的文字设置为居中。

（3）通过幻灯片母版为每张幻灯片增加利用艺术字制作的水印效果，水印文字中应包含"××奶茶店专用"字样，并旋转一定的角度。

（4）根据第五张幻灯片右侧的文字内容创建一个组织结构图，结果应类似Word样例文件"组织结构图样例.docx"中所示，并为该组织结构图添加任一动画效果。

（5）为第六张幻灯片左侧的文字"员工守则"加入超链接，链接到Word素材文件"奶茶店员工入职守则.docx"，并为该张幻灯片添加适当的动画效果。

（6）为演示文稿的每一页都设置不同的幻灯片切换方式。

（7）设置演示文稿放映方式为"循环放映，按ESC键终止"，换片方式为"手动"。

（8）保存演示文档"奶茶店员工入职培训.pptx"文件。

综合测试题 8

一、选择题

1. 下列叙述错误的是_____。

A. CPU可以不经过总线直接访问寄存器

B. CPU 必须经过总线系统访问内、外存等连接

C. 存储器中访问速度最快的是内存

D. 高速缓冲存储器缓解了主存储器和 CPU 之间速度不匹配的问题

2. 检查软件产品是否符合需求定义的过程称为_____。

A. 确认测试　　　B. 集成测试　　　　　C. 验证测试　　　　　D. 验收测试

3. 若用一个大小为 16 的数组来实现循环队列，且 rear 和 front 的值分别为 10、13。当从队列中删除一个元素，再加入两个元素后，rear、front 的值分别为_____。

A. 11 和 15　　　　B. 12 和 14　　　　　C. 14 和 12　　　　　D. 15 和 11

4. 下列叙述错误的是_____。

A. 计算机的工作过程就是不断地取指令和执行指令

B. 指令可被计算机硬件理解并执行

C. 不同计算机的指令系统相同

D. 计算机完成一条指令所花费的时间称为一个指令周期

5. 下列叙述错误的是_____。

A. 从工程管理角度来看，软件设计包含概要设计和详细设计

B. 从技术层面上来看，软件设计包含结构、数据、接口和过程四个设计过程

C. 概要设计时将功能分解为模块，常用 N-S 图来进行设计

D. PFD、HIPO 是详细设计时的常用工具

6. 数据流图用于抽象描述一个软件的逻辑模型，数据流图由一些特定的图符构成。下列图符名标识的图符不属于数据流图合法图符的是_____。

A. 控制流　　　　B. 加工　　　　　　C. 数据存储　　　　　D. 源和潭

7. 设计一个判别表达式中左右括号是否配对出现的算法，采用哪个数据结构最佳？

_____

A. 线性表的顺序存储结构　　　　　　　B. 队列

C. 栈　　　　　　　　　　　　　　　　D. 线性表的链式存储结构

8. n 个节点的一棵二叉树，其前序和中序序列相同，则这棵二叉树的深度为_____。

A. $n-2$　　　　　B. $n/2$　　　　　　C. n　　　　　　　D. $n-1$

9. 数据库系统中支持安全性定义和检查的语言是_____。

A. 数据定义语言　B. 数据操作语言　　C. 数据控制语言　　　D. 数据管理语言

10. 有三个关系 R1、R2、R3，其中 R1 的关键字为 S#，R2 的关键字为 C#，R3 的关键字为（S#，C#），则查询"Bobi 所选修课程的先行课"的关系表达式是_____。

A. $\pi_{P\#}(\sigma_{Sname=Bobi}(R1 \bowtie R2 \bowtie R3))$　　　　　　B. $\pi_{P\#}(\sigma_{Sname=Bobi}(R2 \bowtie R1 \bowtie R3))$

C. $\pi_{P\#}(\sigma_{Sname=Bobi}(R3 \bowtie R2 \bowtie R1))$　　　　　　D. $\sigma_{Sname=Bobi}(\pi_{P\#}(R3 \bowtie R1 \bowtie R2))$

R1	
S#	Sname
S1	Mike
S2	Bobi
S3	lily

R2		
C#	Cname	P#
C1	Cc1	C2
C2	Cc2	NONE
C3	Cc3	C1

R3		
S#	C#	G
S1	C1	90
S2	C2	89
S3	C2	78

11. 定义学生选修课程的关系模式如下：

S(S#,Sname,Sdept,Sd,Sage)(学号，姓名，所在系名，系主任，年龄)

C(C#,Cname,P#)(课程号，课程名，先行课号)

SC(S#,C#,Grade)(学号，课程号，成绩)

达到 BCNF 的是_____。

A. S(S#,Sname,Sdept,Sd,Sage)

B. C(C#,Cname,P#)

C. SC(S#,C#,Grade)

D. SC(S#,C#,Grade)和 C(C#,Cname,P#)

12. 在 Word 2019 中，使用哪个菜单可设置图片浮于文字上方？_____

A. 视图　　　　　B. 插入　　　　　C. 布局　　　　　D. 设计

13. 一些包含复制设置的内容（文本、表格、图片、段落等）需要保存下来，并重复使用，则_____。

A. 需要这些内容时，打开包含这些内容的文档进行复制、粘贴即可

B. 将反复使用的内容保存至一个空白文档中，另存为模板，需要时进行调用

C. 需要重复使用这些内容时，重新进行输入和设置

D. 将这些内容保存至"文档部件库"，下次需要时可以直接使用

14. 要在 Word 中建一个表格式简历表，最简单的方法是_____。

A. 在"新建"中选择简历向导中的表格型向导

B. 在"表格"菜单中选择表格自动套用格式

C. 用插入表格的方法

D. 用绘图工具进行绘制

15. 在 Word 中，下列关于模板的说法中，正确的是_____。

A. 模板是一种特殊的文档，它决定着文档的基本结构和样式，作为其他同类文档的模型

B. 在 Word 中，文档都不是以模板为基础的

C. 模板的扩展名是 txt

D. 模板不可以创建

16. 在 Excel 2019 中，为了使以后在查看工作表时能了解某些重要的单元格的含义，可以给其添加_____。

A. 批注　　　　　B. 公式　　　　　C. 颜色标记　　　　　D. 特殊符号

17. 在 Excel 2019 中，对工作表建立柱形图表，若删除图表中某数据系列柱形图_____。

A. 若事先选定与被删除柱形图相应的数据区域，则该区域数据消失，否则保持不变

B. 则数据表中相应数据不变

C. 若事先选定与被删除柱形图相应的数据区域，则该区域数据不变，否则将消失

D. 则数据表中相应数据消失

18. 图像制作好后，不可以进行调整的是_____。

A. 阴影　　　　　B. 组合　　　　　C. 颜色　　　　　D. 大小

19. PowerPoint 中，下列说法中错误的是_____。

A. 可以在普通视图中设置幻灯片切换效果

B. 可以在浏览视图中更改某张幻灯片上动画对象的出现顺序

C. 可以在普通视图中设置动态显示文本和对象

D. 可以在浏览视图中设置幻灯片切换效果

20. 在 PowerPoint 幻灯片中添加声音链接后，会生成一个声音图标，用户_____。

A. 不可以通过对声音图标的操作来编辑声音对象，但对声音图标本身则可改变其大小和位置

B. 可以通过对声音图标的操作来编辑声音对象，对声音图标本身也可改变其大小和位置

C. 不可以通过声音图标编辑声音对象，对声音图标本身也只能改变其大小，不能改变其位置

D. 可以通过声音图标编辑声音对象，但对声音图标本身则只能改变其大小，不能改变其位置

二、Word 测试题

某小学的小赵老师负责向本校学生的家长传达有关学生外出游玩的通知。该通知需要下发至每个学生，并请家长填写有关学生外出安全知情同意书的回执。参照"结果示例 1.jpg～结果示例 3. jpg"，按下列要求帮助小赵老师编排相关通知及回执。

（1）打开"Word 素材.docx"文件，将"Word 素材.docx"文件另存为"Word.docx"（"docx"为扩展名），后续操作均基于此文件。

（2）进行页面设置：纸张方向为横向、纸张大小为 A3，上、下边距均为 2.5 厘米、左、右边距均为 2.0 厘米，页眉、页脚分别距边界 1.2 厘米。要求每张 A3 纸上从左到右按顺序打印两页内容，左右两页均于页面底部中间位置显示格式为"-1-""-2-"类型的页码，页码自 1 开始。

（3）设置页面背景样式为"羊皮纸"纹理样式。

（4）插入"空白（三栏）"型页眉，在左侧的内容控件中输入学校名称"××小学"，删除中间的内容控件，在右侧插入文件夹下的图片 LOGO. png 代替原来的内容控件，适当缩小图片，使其与学校名称高度匹配。将页眉下方的分隔线设为标准红色、2.25 磅、上宽下细的双线型。

（5）将文中所有的空白段落删除，然后按下列要求为指定段落应用相应格式。文章标题"组织学生外出游玩通知"样式为"标题"；正文中"一、二"所示标题段落样式为"标题 1"；"附件 1、附件 2、附件 3"所示标题段落样式为"标题 2"；除上述标题行及蓝色的信件抬头段外，其他正文格式为仿宋、小四号，首行缩进 2 字符，段前间距 0.5 行，行间距 1.25 倍；通知的落款居右显示。

（6）利用"附件 1：动物园游览流程图"下面用灰色底纹标出的文字、参考样例图绘制相关的流程图。

（7）将"附件 2：学生游园相关事项"下的绿色文本转换为表格，并参照素材中的样例图片进行版式设置，调整其字体、字号、颜色、对齐方式和缩进方式，使其有别于正文。合并表格同类项，套用一个合适的表格样式，然后将表格整体居中。

（8）令每个附件标题所在的段落前自动分页，调整流程图使其与附件 1 标题行合计占用一页。然后在信件正文之后（黄色底纹标示处）插入有关附件的目录，不显示页码，且目录内容能够随文章变化而更新。最后删除素材中用于提示的多余文字。

（9）在信件抬头的"尊敬的"和"学生家长"之间插入学生姓名；在"附件 3：关于学生

外出游玩通知的回执"下方的"学校："、"年级和班级："（显示为"一年级一班"格式）、"学号："和"学生姓名："后分别插入相关信息，学校、年级、班级、学号、学生姓名等信息存放在文件夹下的 Excel 文档"学生档案.xlsx"中。在下方将制作好的回执复制一份，将其中"（此联家长留存）"改为"（此联学校留存）"，在两份回执之间绘制一条剪裁线、并保证两份回执在一页上。

（10）仅为其中所有学校初三年级的每位在校状态为"在读"的女生生成家长通知，通知包含家长信的主体、所有附件、回执。要求每封信中只能包含 1 个学生信息。将所有通知页面另外以文件名"正式通知.docx"保存在文件夹下（如果有必要，应删除文档中的空白页面）。

三、Excel 测试题

郑伟是某公司的会计，他利用 Excel 表格编制了 2021 年 6 月员工工资表"Excel.xlsx"。

请根据下列要求帮助郑伟对该工资表进行整理和分析（提示：本题中若出现排序问题则采用升序方式）。

（1）通过合并单元格，将表名"某公司 2021 年 6 月员工工资表"放于整个表的上端、居中，并调整字体、字号。

（2）在"序号"列中分别填入 1～20，将其数据格式设置为数值、保留 0 位小数、居中。

（3）将"基础工资"（含）往右各列设置为会计专用格式、保留 2 位小数、无货币符号。

（4）调整表格各列宽度、对齐方式，使其显示更加美观，并设置纸张大小为 A4、横向，整个工作表需调整在 1 个打印页内。

（5）参考"工资薪金所得税率.xlsx"，利用 IF 函数计算"应交个人所得税"列。将所求的应交个人所得税对齐方式设为居中并保留两位小数（提示：应交个人所得税=应纳税所得额×对应税率–对应速算扣除数）。

（6）利用公式计算"实发工资"列（提示：实发工资=应付工资合计–扣除社保–应交个人所得税）。

（7）复制工作表"2021 年 6 月"，将副本放置到原表的右侧，并命名为"分类汇总"。将"分类汇总"工作表标签设置为红色。

（8）在"分类汇总"工作表中通过分类汇总功能求出各部门"应付工资合计""实发工资"的和，每组数据不分页。

（9）另存文件并命名为"2021 年 6 月员工工资表"。

四、PowerPoint 测试题

小李准备组织班里的同学周末去西安大唐芙蓉园游玩，现在需要制作一份关于介绍西安大唐芙蓉园的演示文稿，便于在班级讲解。

请根据以下要求，并参考"参考图片.docx"文件中的样例效果，完成演示文稿的制作。

（1）新建一个空白演示文稿，命名为"大唐芙蓉园.pptx"。

（2）演示文稿包含 8 张幻灯片，第 1 张版式为"标题幻灯片"，第 2、3 张为"标题和内容版式"，第 4、5、6 张为"两栏内容"版式，第 7 张为"仅标题"版式，第 8 张为"空白"版式；每张幻灯片中的文字内容，可以从"PPT_素材.docx"文件中找到，并参考样例效果将其置于适当的位置；对所有幻灯片应用名称为"花纹"的内置主题；将所有文字的字体统一设置为"幼圆"。

（3）在第 1 张幻灯片中，参考样例将"图片 1.jpg"设置为幻灯片背景。

（4）将第 2 张幻灯片中标题下的文字转换为 SmartArt 图形，布局为"垂直曲型列表"，并应用"白色轮廓"的样式，字体为幼圆。

（5）将第 3 张幻灯片中标题下的文字转换为表格，表格的内容参考样例文件，取消表格的标题行和镶边行样式，并应用镶边列样式；表格单元格中的文本水平和垂直方向都居中对齐，字体为"幼圆"。

（6）在第 4 张幻灯片的右侧，插入名为"图片 2.jpg"的图片，并应用"圆形对角，白色"的图片样式。参考样例效果，按照同样的操作制作第 5、6 张幻灯片。

（7）在第 7 张幻灯片中，插入"图片 5.jpg""图片 6.jpg""图片 7.jpg"，参考样例文件，为其添加适当的图片效果并进行排列，将它们顶端对齐，图片之间的水平间距相等。

（8）在第 8 张幻灯片中，将"图片 8.jpg"设为幻灯片背景，并插入艺术字"大唐芙蓉园欢迎您！"。

（9）为演示文稿第 2～8 张幻灯片添加"涟漪"的切换效果，首张幻灯片无切换效果；为所有幻灯片设置自动换片，换片时间为 5 秒；为除首张幻灯片之外的所有幻灯片添加编号，编号从 1 开始。

（10）保存修改好的演示文稿。

综合测试题 9

一、选择题

1. 在下列几种排序方法中，要求内存量最大的是_____。

A. 插入排序　　　　B. 选择排序　　　　C. 快速排序　　　　D. 归并排序

2. 下列叙述中正确的是_____。

A. 线性链表是线性表的链式存储结构　　　B. 栈与队列是非线性结构

C. 双向链表是非线性结构　　　　　　　　D. 只有根节点的二叉树是线性结构

3. 在所列出的：1. VB；2. Linux；3. UNIX；4. 学籍管理系统；5. Windows 10；和 6. Office 2019 六个软件中，属于系统软件的有_____。

A. 1,2,3　　　　　B. 2,3,5　　　　　C. 1,2,3,5　　　　　D. 1,2,3,4,5

4. 若用一个大小为 16 的数组来实现循环队列，且 rear 和 front 的值分别为 10、13。当从队列中删除一个元素，再加入两个元素后，元素个数是_____。

A. 4　　　　　　　B. 14　　　　　　　C. 15　　　　　　　D. 5

5. 软件开发离不开系统环境资源的支持，其中必要的测试数据属于_____。

A. 硬件资源　　　　B. 通信资源　　　　C. 支持软件　　　　D. 辅助资源

6. 软件设计中，有利于提高模块独立性的一个准则是_____。

A. 低内聚、低耦合　　　　　　　　　　　B. 低内聚、高耦合

C. 高内聚、低耦合　　　　　　　　　　　D. 高内聚、高耦合

7. 下列叙述中正确的是_____。

A. 数据库系统是一个独立的系统，不需要操作系统的支持

B. 数据库技术的根本目标是要解决数据的共享问题

C. 数据库管理系统就是数据库系统

D. 以上三种说法都不对

8. 下列叙述中正确的是_____。

A. 为了建立一个关系，首先要构造数据的逻辑关系

B. 表示关系的二维表中各元组的每一个分量还可以分成若干数据项

C. 一个关系的属性名表称为关系模式

D. 一个关系可以包括多个二维表

9. 某二叉树的中序序列为 ABCDEFG，后序序列为 BDCAFGE，则其左子树中节点数目为_____。

A. 3　　　　　　B. 2　　　　　　C. 4　　　　　　D. 5

10. 定义一个学院的关系模式如下：学院（学院编号，学院名称，学院院长职工号，学院所在地），学院编号和学院名称均具有唯一性，该关系模式属于_____。

A. 1NF　　　　B. 2NF　　　　C. 3NF　　　　D. BCNF

11. 关于 Word 表格自动套用格式的说法中，正确的是_____。

A. 一个表格应用自动套用格式后，表格的列宽不能改变

B. 对一个表格使用自动套用格式时，将插入点放在表格任意位置即可，不需要选定表格

C. 一个表格应用自动套用格式，不能再做任何修改

D. 对一个表格使用自动套用格式时，需要选定表格

12. 在 Word 文档中，由于疏忽，将"计算机"错误地输入为"计算及"或"计算级"，如何快速纠正该错误？_____

A. 在"查找和替换"选项卡中，查找文本"计算"，并将其替换为"计算机"

B. 在"查找和替换"选项卡中，查找文本"计算*"，并将其替换为"计算机"

C. 在"查找和替换"选项卡中，查找文本"计算？"，并将其替换为"计算机"

D. 从前往后逐个查找，并逐一输入"计算机"进行更正

13. Word 2019 中要创建一个公式，可以_____。

A. 在"字体"对话框中进行设置

B. 在"插入"菜单下选择"公式"下拉列表中的"创建新公式"

C. 在"引用"菜单下选择"公式"下拉列表中的"创建新公式"

D. 在"插入"菜单下选择"对象"，在"对象类型"中选择"Microsoft 公式 3.0"

14. 设置标题与正文之间距离的方法是_____。

A. 设置段间距　　　　　　　　B. 设置行间距

C. 设置字符间距　　　　　　　D. 在正文和标题之间插入换行符

15. 有关 Excel 排序不正确的是_____。

A. 可按笔画数排序　　　　　　B. 可按行排序

C. 最多可设置 60 个排序条件　　D. 可按日期排序

16. 在 Excel 单元格中将数字作为文本输入，下列方法正确的是_____。

① 先输入单引号，再输入数字　　　　② 直接输入数字

③ 先设置单元格格式为"文本"，再输入数字　④ 先输入"="，再输入双引号和数字

A. ①和③　　　B. ①和④　　　C. ②和④　　　D. ③和④

17. 在 Excel 中，可以通过临时更改打印质量来缩短打印工作表所需的时间，下面哪些方

法可以加快打印作业？_____

① 以草稿方式打印　　　　　② 以黑白方式打印

③ 不打印网格线　　　　　　④ 降低分辨率

A. ①②③　　　B. ①③④　　　C. ②③④　　　D. ①②③④

18. 下列属于 Excel 图表类型的有_____。

① 饼图　　　② XY 散点图　　　③ 曲面图　　　④ 圆环图

A. ①②③④　　B. ①③④　　　C. ②③④　　　D. ①②③

19. 在 PowerPoint 2019 中，一个图形被其他对象完全覆盖，若要选择这个图形，最优操作是_____。

A. 先选中所有对象，按 Shift 键依次取消其他对象的选择

B. 用鼠标将其他对象移开，所需图形显露

C. 打开“绘图工具格式”选项卡中的“选择窗格”，单击相应的图形即可

D. 反复按 Tab 键，找到图形，选择即可

20. 在输入了文字之后，可以根据实际需要来改变文字的格式，不同的文字格式会给幻灯片带来不同的视觉效果，下列说法不正确的是_____。

A. 字体的颜色不受背景的限制，用户可以随意设置

B. 同一个文本框中的字体格式必须一致

C. 同一个文本框中的字体格式可以不一致

D. 在多种版式中都有标题框和文本框，标题框中的字体可以小于文本框中的字体

二、Word 测试题

未成年网民规模持续增长，低龄化趋势更加明显。为了助力未成年人健康成长，重视网络保护，2020 年 10 月，第十三届全国人民代表大会常务委员会审议通过修订后的《未成年人保护法》，增设“网络保护”专章，首次在法律中规定未成年人网络保护内容，具有里程碑意义。针对未成年人网络安全的专项行动也持续推进。

有关未成年人网络安全与权益保护的内容已经被保存在文档“Word.docx”中，为了让相关内容及数据以更直观及美观的方式呈现，请按照要求完成下列操作并以文件名“Word.docx”保存文档。

（1）调整纸张大小为 B5，页边距的左边距为 2 cm，右边距为 2 cm，装订线为 1 cm，对称页边距。

（2）将文档中第一行“未成年人网络安全与权益保护”为 1 级标题，文档中黑体字的段落设为 2 级标题，斜体字段落设为 3 级标题。

（3）将正文部分内容设为四号字，每个段落设为 1.2 倍行距且首行缩进 2 字符。

（4）将正文第一段落的首字“很”下沉 2 行。

（5）将文档中的图片居中，并设置环绕文字方式为“上下型环绕”。

（6）在文档的开始位置插入只显示 2 级和 3 级标题的目录，并用分节方式令其独占一页。

（7）文档除目录页外均显示页码，正文开始为第 1 页，奇数页码显示在文档的底部靠右，偶数页码显示在文档的底部靠左。文档偶数页加入页眉，页眉中显示文档标题“未成年人网络安全与权益保护”，奇数页页眉没有内容。

（8）将文档最后 4 行转换为 2 列、4 行的表格，倒数第 5 行的内容“不同学历段未成年网

民网络权益维护的认知情况"作为该表格的标题，将表格及标题居中。

（9）为文档应用一种恰当的主题。

三、Excel 测试题

学期末，初三五班的班主任杨老师需要为每个学生家长制作一份成绩通知单，现利用 Excel 表格对本班学生的各科考试成绩进行统计分析。

请按照下列要求帮助杨老师完成该班的成绩统计工作并按原文件名进行保存。

（1）打开"学生成绩.xlsx"，在最左侧插入一个空白工作表，重命名为"初三学生档案"，并将该工作表标签颜色设为"紫色（标准色）"。

（2）将以制表符分隔的文本文件"学生档案.txt"自 A1 单元格开始导入工作表"初三学生档案"中，注意不得改变原始数据的排列顺序。将第 1 列数据从左到右依次分成"学号"和"姓名"两列显示。最后创建一个名为"档案"、包含数据区域 A1:G31、包含标题的表，同时删除外部链接。

（3）在工作表"初三学生档案"中，利用公式及函数依次输入每个学生的性别"男"或"女"、出生日期"××××年××月××日"和年龄。其中：身份证号的倒数第 2 位用于判断性别，奇数为男性，偶数为女性；身份证号的第 7～14 位代表出生年月日；年龄需要按周岁计算，满 1 年才计 1 岁。最后适当调整工作表的行高和列宽、对齐方式等，以方便阅读。

（4）参考工作表"初三学生档案"，在工作表"语文"中输入与学号对应的"姓名"；按照平时、期中、期末成绩各占 30%、30%、40%的比例计算每个学生的"学期成绩"并填入相应单元格中；按成绩由高到低的顺序统计每个学生的"学期成绩"排名并按"第 n 名"的形式填入"班级名次"列中；按照下列条件填写"期末总评"：≥85 为优秀，≥75 为良好，≥60 为及格，<60 为不合格。

（5）将所有科目的工作表表格都设为行高 20，列宽 10。将"语文"工作表中的文字全部居中，为数据区域设置边框线，并全部应用到其他科目的工作表中。按上述（4）中的要求依次输入或统计其他科目的"姓名""学期成绩""班级名次""期末总评"。

（6）分别将各科的"学期成绩"引入工作表"期末总成绩"的相应列中，在工作表"期末总成绩"中依次引入姓名，计算各科的平均分、每个学生的总分，并按成绩由高到低的顺序统计每个学生的总分排名，并以 1、2、3、…形式标识名次，最后将所有成绩的数字格式设为数值，保留两位小数。

（7）在"物理"工作表的最上方插入新的一行，在 A1 单元格输入工作表标题"重点科目成绩表"，并将标题跨列合并后居中，适当调整其字体、加大字号、改变字体颜色。

（8）在工作表"期末总成绩"中分别用红色（标准色）和加粗格式标出各科第一名成绩，将前 10 名的总分成绩用浅蓝色填充，将低于 75 分的成绩利用"绿填充色深绿色文本"标注，最后将所有成绩居中显示。

（9）调整工作表"期末总成绩"的页面布局以便打印：纸张方向为横向，缩减打印输出，使所有列只占一个页面宽（但不得缩小列宽），水平居中打印在纸上。

四、PowerPoint 测试题

现代教学技术教育部重点实验室在 2021 年学术年会期间，需要在会议茶歇期间向参会人员自动播放展示会议的日程和主题，请基于素材演示文档"Powerpoint.pptx"，按照下面的要

求完成演示内容的设计。

（1）由于文字内容较多，将标题为"学校如何应对大数据变革"中的幻灯片内容区域文字自动拆分为两张幻灯片进行展示。

（2）为了布局美观，将标题为"沟通与社交应用场景"幻灯片内容区域文字转换为"梯形列表"SmartArt 布局，并设置该 SmartArt 样式为"细微效果"。

（3）在标题为"学习设备应用变化对比"的幻灯片中插入一个簇状柱形图，并使用如下数据信息调整幻灯片中的图表内容。

年份	台式电脑	笔记本电脑	平板电脑
2018	10.6	5.4	3.0
2019	7.1	4.7	3.2
2020	6.2	6.1	4.6
2021	3.8	4.7	8.2

（4）为该柱形图设置"浮入"进入动画效果，效果选项为"上浮"，按照"系列中的元素"逐次单击显示"台式电脑""笔记本电脑""平板电脑"的应用变化对比。在该幻灯片中保留这 3 个系列的动画效果。

（5）为演示文档中的幻灯片设置同一种切换效果。

（6）为演示文档创建 4 个节，其中"标题"节中包含第 1 张幻灯片，"议程"节中包含第 2 张幻灯片，"结束"节中包含最后 1 张幻灯片，其余幻灯片包含在"内容"节中。

（7）为了实现幻灯片可以自动放映，设置每张幻灯片的自动放映时间不少于 2 秒钟。

（8）删除演示文档中每张幻灯片的备注文字信息。

（9）将第二张幻灯片的表格样式设置为"主题样式 1-强调 1"，并设置动画效果为"随机线条"。

（10）保存演示文稿，文件名为"2021 学术年会.pptx"。

综合测试题 10

一、选择题

1. 线性表的顺序存储结构和线性表的链式存储结构分别是_____。
A. 顺序存取的存储结构、顺序存取的存储结构
B. 随机存取的存储结构、顺序存取的存储结构
C. 随机存取的存储结构、随机存取的存储结构
D. 任意存取的存储结构、任意存取的存储结构

2. 下面叙述正确的是_____。
A. 算法的执行效率与数据的存储结构无关
B. 算法的空间复杂度是指算法程序中指令（或语句）的条数
C. 算法的有穷性是指算法必须能在执行有限个步骤之后终止
D. 以上三种描述都不对

3. 已知数据表 A 中每个元素距其最终位置不远，为节省时间，应采用的算法是_____。

A. 堆排序   B. 直接插入排序   C. 快速排序   D. 直接选择排序

4. 下列工具中为需求分析常用工具的是_____。

A. PAD   B. PFD   C. N-S   D. DFD

5. 下列不属于结构化分析的常用工具的是_____。

A. 数据流图   B. 数据字典   C. 判定树   D. PAD

6. 软件开发的结构化生命周期方法将软件生命周期划分成_____。

A. 定义、开发、运行维护   B. 设计阶段、编程阶段、测试阶段

C. 总体设计、详细设计、编程调试   D. 需求分析、功能定义、系统设计

7. 模块独立性是软件模块化所提出的要求，衡量模块独立性的度量标准则是模块的_____。

A. 抽象和信息隐蔽   B. 局部化和封装化

C. 内聚性和耦合性   D. 激活机制和控制方法

8. 数据库设计的四个阶段是：需求分析、概念设计、逻辑设计和_____。

A. 编码设计   B. 测试阶段   C. 运行阶段   D. 物理设计

9. 设有如下三个关系表：

R			S				T		
A			B	C			A	B	C
m			1	3			m	1	3
n							n	1	3

下列操作中正确的是_____。

A. T=R∩S   B. T=R∪S   C. T=R×S   D. T=R/S

10. 一棵二叉树的中序序列和后序序列相同，均为 ABCDEFG,则按层次输出（同一层从左至右）的序列为_____。

A. ABCDEFG   B. GFEDCBA   C. ABCGEFD   D. GFDECBA

11. 下列关于 Word 中"页眉和页脚"的叙述，错误的是_____。

A. 可以自定义页眉和页脚的内容

B. 可以插入日期和时间

C. 编辑页眉和页脚时不能编辑文档正文部分

D. 可以在所有视图下看到页眉和页脚的内容

12. 当前光标在表格中某一行的最后一个单元格内，按回车键后，则_____。

A. 光标将移动至下一行的第一个单元格内

B. 表格中光标所在列加宽

C. 表格中光标所在行加高

D. 在光标所在行的下一行增加一行，表格行数增加

13. 编辑 Word 文档时,若文档窗口显示出了水平标尺,则当前的视图方式为_____。

A. 普通视图或页面视图   B. 普通视图

C. 大纲视图   D. 页面视图

14. 小李所编辑的文档 1 中设计了独特的页眉和页脚，若想在文档 2 中使用该风格的页眉和页脚，下列操作可以快速实现该功能的是_____。

A. 将文档 1 另存为名为文档 2 的新文档，在此基础上修改即可

B. 创建一个名为文档 2 的新文档，将文档 1 中的页眉和页脚复制过来即可

C. 将这份表格作为文档部件存入文档部件库中，使用时直接选择即可

D. 将文档 1 保存为模板，在该模板基础上创建文档 2 即可

15. 不正确的 Excel 公式形式是_____。

A. =SUM(B3:E$3)*F3　　　　　　　　B. =SUM(B3:E3)*F3

C. =SUM(B3:$E3)*F3　　　　　　　　D. =SUM(B3:E3)*$F$3

16. Excel 2019 中单元格地址的引用不正确的是_____。

A. 绝对引用　　　B. 相对引用　　　C. 外部引用　　　D. 混合引用

17. 下列在 Excel 2019 中，不属于条件格式的规则的是_____。

A. 项目选取规则　　　　　　　　　　B. 突出显示单元格规则

C. 数据条规则　　　　　　　　　　　D. 阶梯规则

18. 在 Excel 2019 中，不能设置打印区域的是_____。

A. 在"分页预览视图"下设置打印区域

B. 利用"编辑栏"设置打印区域

C. 在"页面设置"对话框中选择"工作表"选项卡，在其中的打印区域中选择打印区域

D. 先选定一个区域，然后通过"页面布局"选择"打印区域"，再选择"设置打印区域"

19. PowerPoint 中，关于在幻灯片中插入组织结构图的说法中不正确的是_____。

A. 只能利用自动版式建立含组织结构图的幻灯片

B. 可以编辑组织结构图

C. 可以通过"插入"菜单的"图片"命令插入组织结构图

D. 可以向组织结构图中输入文本

20. 关于 PowerPoint 创建文件的保存类型，下列叙述中正确的是_____。

A. 若保存类型选择了 PowerPoint 放映，则文件扩展名为 ppt

B. 若希望打开文件后可以在多种视图下进行修改和播放，保存类型应该选择 PowerPoint 放映

C. 若希望打开文件后可以在多种视图下进行修改和播放，保存类型应该选择演示文稿

D. 若保存类型选择了演示文稿，则文件扩展名为 pps

二、Word 测试题

张三是一名大学本科三年级学生，经多方面了解分析，他希望在寒假期间去一家公司实习。为了获得难得的实习机会，他打算利用 Word 精心制作一份简洁而醒目的个人简历，示例样式如"简历参考样式.jpg"所示。请打开"WORD 素材.txt"文件，按照要求完成下列操作并以文件名"WORD.docx"保存结果文档。

请根据如下要求完成操作：

（1）调整文档版面，要求纸张大小为 A4，页边距（上、下）为 2.5 厘米，页边距（左、右）为 3.2 厘米。

（2）根据页面布局需要，在适当的位置插入标准色为浅蓝色与白色的两个矩形，其中浅

蓝色矩形占满 A4 幅面，文字环绕方式设为"浮于文字上方"，作为简历的背景。

（3）参照示例文件，插入标准色为浅蓝色的圆角矩形，并添加文字"实习经验"，插入 1 个短划线的虚线圆角矩形框。

（4）参照示例文件，插入文本框和文字，并调整文字的字体、字号、位置和颜色。其中"张三"应为标准色蓝色的艺术字；"天道酬勤……"应为主题颜色白色的艺术字，文本效果应为跟随路径的"拱形"。

（5）根据页面布局的需要，插入文件夹下的图片"1.png"，依据样例对图片大小、位置进行调整；然后根据需要插入图片 2.png、3.png、4.png，并调整图片大小、位置。

（6）参照示例文件，在适当的位置使用形状中的标准色浅蓝色箭头（提示：其中横向箭头使用线条类型箭头）。

（7）参照示例文件，插入 SmartArt 图形，并进行适当编辑。

（8）参照示例文件，在"教学活动设计"等 4 处使用项目符号"对勾"，在"曾任专业班长"等 4 处插入符号"五角星"、颜色为标准色红色。

（9）添加页面边框，边框应为主题颜色白色，调整各部分的位置、大小、形状和颜色，以展现统一、良好的视觉效果。

三、Excel 测试题

销售部助理小王需要根据 2019 年和 2020 年的计算机类图书产品销售情况进行统计分析，以便制定新一年的销售计划和工作任务。

请你按照如下需求，在文档"Excel.xlsx"中帮助小王完成以下工作并保存。

（1）在"销售订单"工作表的"图书编号"列中，使用 VLOOKUP 函数填充所对应"图书名称"的"图书编号"。"图书名称"和"图书编号"的对照关系请参考"图书信息表"工作表，并将"图书信息表"工作表中的图书定价统一设置为 2 位小数。

（2）将"销售订单"工作表的"订单编号"列按照数值升序方式排序，并将所有重复的订单编号数值标记为紫色（标准色）字体，然后将其排列在销售订单列表区域的顶端。

（3）在"2020 年图书销售分析"工作表中，统计 2020 年各类图书每月的销售量，并将统计结果填充在所对应的单元格中。为该表添加汇总行，在汇总行单元格中分别计算每月图书的总销量。

（4）在"2020 年图书销售分析"工作表中的 N4:N11 单元格中，插入用于统计销售趋势的迷你折线图，各单元格中迷你图的数据范围为所对应图书的 1～12 月销售数据，并为各迷你折线图标记销量的最高点和最低点。

（5）根据"销售订单"工作表的销售列表创建数据透视表，并将创建完成的数据透视表放置在新工作表中，以 A1 单元格为数据透视表的起点位置。将工作表重命名为"2019 年图书销量"并将标签设置为蓝色。

（6）在"2019 年图书销量"工作表的数据透视表中，设置"日期"字段为列标签，"书店名称"字段为行标签，"销量（本）"字段为求和汇总项。并在数据透视表中显示 2019 年期间各书店每季度的销量情况。将数据透视表中的文字设为居中。

提示信息：为了统计方便，请勿对完成的数据透视表进行额外的排序操作。

四、PowerPoint 测试题

为了进一步提升西安美食的文化传播，西安的志愿者将为游客朋友提前进行一次陕西美食安利活动，主要围绕"西安美食"进行介绍，包括文字、图片等内容。请根据 8_Source 的文件夹下的素材文档"西安主要美食介绍-文字.docx"，帮助志愿者完成制作任务，具体要求如下：

（1）新建一份演示文稿，并以"陕西主要美食介绍.pptx"为文件名保存。

（2）第一张标题幻灯片中的标题设置为"陕西主要美食介绍"，副标题为"一个吃货的天堂"。

（3）在第一张幻灯片中插入歌曲"西安人的歌.mp3"，设置为"按照单击顺序（I）"，并设置声音图标在放映时隐藏。

（4）第二张幻灯片的版式为"标题和内容"，标题为"陕西主要美食"，在文本区域中以项目符号列表方式依次添加下列内容：牛羊肉泡馍、肉夹馍、千层油酥饼、贾三灌汤包子、辣子疙瘩，并将项目符号设置为"加粗空心方形项目符号"。

（5）自第三张幻灯片开始按照牛羊肉泡馍、肉夹馍、千层油酥饼、贾三灌汤包子、辣子疙瘩的顺序依次介绍陕西的一些美食，相应的文字素材"西安主要美食介绍-文字.docx"以及图片文件均存放于名称为 8_Source 的文件夹下，要求每个美食介绍占用一张幻灯片。

（6）最后一张幻灯片的版式设置为"空白"，并插入艺术字"西安，一个让您向往的地方"。

（7）将第二张幻灯片列表中的内容分别超链接到后面对应的幻灯片，并添加返回到第二张幻灯片的动作按钮。

（8）为演示文稿选择一种设计主题，要求字体和整体布局合理、色调统一，为每张幻灯片设置不同的幻灯片切换效果以及文字和图片的动画效果，并要求将返回第二张幻灯片的动作按钮的动画效果设置为"淡出"，播放效果为"上一动画之后"。

（9）除标题幻灯片外，其他幻灯片的页脚均包含幻灯片编号、日期和时间以及页脚文字"陕西主要美食介绍"。

（10）设置演示文稿放映方式为"循环放映，按 ESC 键终止"，换片方式为"如果存在排列时间，则使用它"。

（11）保存演示文稿。

参 考 答 案

第二篇　基础测试篇参考答案

第一部分　基础知识

测试题 1.1

| 1～5: | A | C | A | C | A | 6～10: | D | B | C | B | D |

| 11～15: | D | A | C | B | D | 16～20: | C | C | A | B | C |

| 21～25: | D | B | D | C | D | 26～30: | D | B | C | C | B |

测试题 1.2

| 1～5: | C | D | B | C | D | 6～10: | B | A | B | D | C |

| 11～15: | A | A | C | A | C | 16～20: | C | C | B | B | C |

| 21～25: | D | A | C | A | B | 26～30: | A | C | A | D | A |

测试题 1.3

| 1～5: | C | D | A | B | D | 6～10: | B | C | B | D | B |

| 11～15: | B | A | A | D | A | 16～20: | D | B | D | A | B |

| 21～25: | B | B | C | A | C | 26～30: | D | A | D | C | B |

测试题 1.4

| 1～5: | B | B | B | A | A | 6～10: | D | C | A | C | C |

| 11～15: | C | D | B | B | D | 16～20: | C | C | B | A | B |

| 21～25: | B | B | D | B | A | 26～30: | D | A | C | A | D |

测试题 1.5

| 1～5: | B | C | A | D | D | 6～10: | D | D | A | C | C |

| 11～15: | C | A | C | B | D | 16～20: | B | A | D | A | A |

| 21～25: | D | B | C | D | C | 26～30: | C | A | B | A | D |

测试题 1.6

| 1～5: | A | D | B | D | C | 6～10: | D | B | D | C | C |

| 11～15: | A | A | A | C | B | 16～20: | D | D | B | D | B |

| 21～25: | B | C | C | C | A | 26～30: | C | C | B | C | B |

测试题 1.7

| 1～5: | C | C | A | D | D | 6～10: | C | C | B | D | A |

11~15: D C D A C 16~20: A C B D C
21~25: C D B A D 26~30: B B A B C

测试题 1.8

1~5: B C A A D 6~10: B B A D A
11~15: C C B D B 16~20: D C C B A
21~25: A B B A B 26~30: B B C B C

第二部分 Windows 10

测试题 2.1

1~5: C A C D B 6~10: D B A A D
11~15: A D C C D 16~20: C C B B A

测试题 2.2

1~5: A A D A C 6~10: A A C C A
11~15: D C C C A 16~20: B C C C B

第三部分 Word

测试题 3.1

1~5: C C C A A 6~10: A A B C A
11~15: C B C C B 16~20: A B B D B

测试题 3.2

1~5: B C D B C 6~10: B D A C A
11~15: C A B C B 16~20: D D A B D

测试题 3.3

1~5: D D C B D 6~10: B B C C D
11~15: B D B B C 16~20: B B C A D

第四部分 Excel

测试题 4.1

1~5: B C D C B 6~10: A D B D C
11~15: D C C D C 16~20: D B D A A

测试题 4.2

1~5: B A D D C 6~10: B D C B A
11~15: A C A C A 16~20: C B D C A

测试题 4.3

1~5: C D A B D 6~10: C D D C C
11~15: A D C B D 16~20: C C B A C

第五部分　PowerPoint

测试题 5.1

1～5：　　D　B　D　C　A　　　6～10：　　D　B　A　B　D

11～15：　D　D　B　B　A　　　16～20：　B　B　D　C　B

测试题 5.2

1～5：　　A　A　C　C　A　　　6～10：　　B　C　C　C　C

11～15：　B　C　B　C　C　　　16～20：　B　B　C　B　B

测试题 5.3

1～5：　　B　A　C　A　C　　　6～10：　　C　D　A　C　B

11～15：　B　D　A　D　D　　　16～20：　B　B　A　A　C

第六部分　网络

测试题 6.1

1～5：　　A　A　D　A　B　　　6～10：　　C　B　D　A　C

11～15：　A　D　C　A　A　　　16～20：　D　D　D　B　D

测试题 6.2

1～5：　　B　C　A　B　B　　　6～10：　　C　B　D　A　B

11～15：　A　D　D　B　B　　　16～20：　A　C　A　D　D

测试题 6.3

1～5：　　B　D　D　A　B　　　6～10：　　D　A　A　B　D

11～15：　A　D　D　A　D　　　16～20：　D　B　D　B　D

第三篇　综合测试篇参考答案